實搭 **8** 色 × 經典 **9** 款

My Fashion Book

打造俐落感、提升品味度的半熟女子時尚術

日比理子 著　蘇暐婷 譯

時報出版

前言 用平凡服飾穿出時尚感！

大家好，我是造型諮詢師日比理子。最近顧客常向我反應這樣的煩惱──

「每每看到社群網站與雜誌上走在流行尖端的時尚媽媽，就覺得她們好耀眼、好令人羨慕，另一方面又感到自慚形穢⋯⋯」

我非常懂這樣的心情。但時尚本該是快樂的，是讓自己擁有自信的，大可不必隨時走在時尚尖端。我們不需與他人比較，不必逼自己打扮得花枝招展，只要多著重自己的風格就好。像我也老是穿同樣幾套衣服呢（笑）。

在這個資訊爆炸的時代，人很容易什麼都想買，何況市面上還有那麼多物美價廉的產品，用便宜價格就能買到流行服飾。但若光買流行服飾，就會失去「個人特色」，只剩下單品很流行、很耀眼的讚美。然而，好的穿著打扮，一言以蔽之，應該是「看起來更有造型，且將個人風格與優點突顯出來」才對。

我平日在打扮時，都會謹記一項原則──「讓流行元素平凡自然，讓平凡服飾流行時尚！」時尚打扮裡只要有一處採用流行元素，就足以讓其他基本款服飾更亮眼。

我靠自己的雙眼實際觀察、試穿，不斷摸索，歸納出了幾項任誰都能實踐的準則，像是如何將平凡的衣服穿出時尚感、挑選服裝與飾品時絕不失敗的祕訣、讓衣物常保如新的方法等等，不過我也持續走在學習的道路上。在這本書裡我寫了許多如前所述的穿搭重點與小技巧，以具體的方式與大家分享。

為自己的時尚創造「理由」就能更享受打扮，擁有更多自信。不是盲目地跟隨流行勉力而為，而是擁有自己的「主控權」，知道為什麼挑選這項單品、為什麼這樣搭配，這樣一來，挑選服飾的樂趣就會加倍！

適當擷取流行元素，透過平日的服裝，突顯自己的個性，愛上穿搭──但願本書能為有這些想法的讀者帶來靈感，那樣我會非常高興的。

日比理子

05　大人的穿搭煩惱Q&A

06　各品牌的推薦單品

07　衣物保養指南

101 CAFE
102
201
202
203 Bahar
204 Brico

- **knit:** & NOSTALGIA
- **pants:** & NOSTALGIA
- **bag:** ZARA
- **pumps:** Spick & Span

01

大人必備的
經典款

useful items for smart person

教妳如何挑選並搭配出
價格實惠、百搭不膩、
亮麗有型的日常服飾。

item: 1

俐落的九分褲

- ankle pants

俐落的褲裝是正式穿搭中的經典款。可根據體型、想呈現的感覺選擇不同的版型（有折線或無折線）。

大人必備的
經典款 1

☑ 白、黑、灰必備。

☑ 選擇露出腳踝骨的長度，看起來十分清爽。

☑ 挑選版型朝褲管變窄的錐形褲。

---

1 無折線　`NO TUCK`

正式且專業，
想有明快俐落感時

線條較銳利、呈直線，能營造整潔俐落感。屬於百搭經典款。

- pants: PLST

有腰帶環更方便

前開款能營造正式感

中線能修飾腿長

---

2 有折線　`TUCK`

不會太死板，
恰到好處的俐落感

保有正式感的同時，還能藉由折線營造恰到好處的休閒感。不易勾勒出身體線條，適合修飾體型。

- pants: PLST

挑選褲管不過寬、不顯胖、不厚重的款式

淺折線比較自然

準備一件不易皺的針織布九分褲，遇到旅行或運動會就能派上用場。

- pants: &.NOSTALGIA

item: 2

寬鬆的襯衫

- loose shirt

寬鬆的流行款襯衫能營造女人味，但若尺寸太大，看起來又容易邋遢。選擇寬鬆得剛剛好的大小才是正確答案。

☑ 肩寬不要過合，盡量挑肩線往下掉幾公分的版型。

☑ 袖口捲起來露出手腕，看起來會比較清爽。

☑ 解開領口的前 2 顆扣子，率性又自然。

推薦藍色系！

有點老氣？

襯衫太合身會顯得嚴肅又土裡土氣。

藍色系襯衫怎麼搭都好看！

藍色系襯衫能營造知性、冷靜的感覺。它與任何顏色搭都好看，又不像搭配白襯衫時對比那麼強烈，因此比白襯衫更實用。外面套一件毛衣也很時尚（請參考P103）

- shirts(左): UNIQLO - (中): BARNYARDSTORM - (右): THOMAS MASON

item: 3

過膝圓裙

- midi skirt

圓裙能醞釀女人味。挑選時可以盡量找長度過膝、不會太厚重的款式。這樣就能展現成熟優雅的氛圍，而不過於甜膩。

裙子因為是下半身的單品，所以即使挑戰大膽的色系或花紋，也不容易失敗！只要在配色上多下點功夫，挑選材質乾淨簡約、有垂墜感的款式，就不會顯得俗艷了。

- **knit:** PLST
- **skirt:** &.NOSTALGIA
- **bag:** &.NOSTALGIA
- **pumps:** VII XII XXX

☑ 挑選漂亮版型的方法

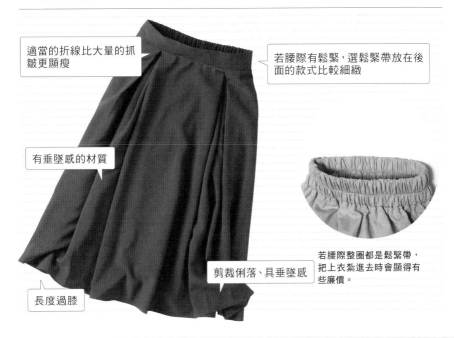

適當的折線比大量的抓皺更顯瘦

若腰際有鬆緊，選鬆緊帶放在後面的款式比較細緻

有垂墜感的材質

剪裁俐落、具垂墜感

長度過膝

若腰際整圈都是鬆緊帶，把上衣紮進去時會顯得有些廉價。

☑ 穿長裙時重心要擺在上半身

盤起頭髮

長裙的份量感比較重，若覺得看起來有些邋遢，不妨把重心往上挪（讓別人把視線集中在上半身），這樣看起來就清爽多了。

上衣下擺紮進裙子

揹小提包

BEFORE
呆呆的

AFTER
有精神

穿跟鞋修飾腿長

item: 4

單穿就有型的上衣

- look good tops

在不穿外套的季節，單穿就有型的上衣是穿搭重點。
選擇設計極簡、顏色百搭的款式就能不斷搭配變化，
也不易穿膩，非常實用。

大人必備的
經典款 4

橫條紋上衣
UNIQLO

橫條紋棉質上衣的花紋與布
料都很休閒，搭配其他俐落
的款式就能維持正式的感
覺，不會過於隨性。

- **pants:** UNIQLO
- **sandals:** SARA JONES
- **bag:** roberto pancani

黑色V領上衣
BEAUTY&YOUTH

穿起來有T恤的感覺，即使
匆忙出門也不失時尚感。材
質是偏硬挺的米蘭螺紋布，
看起來很有質感。

- **skirt:** UNIQLO
- **bag:** CHRISTIAN VILLA
- **pumps:** BOUTIQUE OSAKI

- **pants:** &NOSTALGIA
- **bag:** IACUCCI
- **pumps:** carino

有型上衣的選法

- ☑ 顏色：基礎色（p26 的 8 種基本色）
  百搭萬用。

- ☑ 材質：硬挺有質感的。

- ☑ 版型：長度、剪裁偏流行的款式。

- ☑ 設計：簡約就好，不要多餘的裝飾。

仿麂皮T字罩衫
UNIQLO

版型較寬鬆，可隨性穿搭，
布料為仿麂皮，摸起來跟穿
起來都充滿質感。材質是聚
酯纖維，保養起來很輕鬆。

item: 5

長版針織外套

- long cardigan

長版針織外套是顯瘦法寶，它能拉出直線條，具有修身效果，營造出與短版針織截然不同的時尚氛圍。挑選長度及膝的款式，就能不受流行影響，與所有服裝搭配。

大人必備的
經典款
5

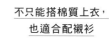

色彩低調、中性的
簡約帥氣風

想走極簡風時，我會全身上下都穿得暗一點，再加上銀飾點綴，避免一成不變。

- **cardigan:** MUJI
- **inner tops:** UNIQLO
- **denim:** PLST
- **bag:** GIANNI CHIARINI
- **shoes:** Pili Plus

輕鬆得恰到好處的
成熟休閒風

休閒的印花T恤，搭配俐落的長版針織外套，營造出恰到好處的率性氛圍。平底鞋選擇漆皮尖頭款，增添正式感。

- **cardigan:** MUJI
- **t-shirt:** moussy
- **pants:** UNIQLO
- **bag:** NATURAL BEAUTY BASIC
- **pumps:** FABIO RUSCONI

不只能搭棉質上衣，
也適合配襯衫

配基本色襯衫看起來就會很自然，不會硬梆梆的。深藍色比黑色輕盈，能營造知性、值得信賴的感覺。

- **cardigan:** MUJI
- **shirt:** UNIQLO
- **pants:** UNIQLO
- **pumps:** FABIO RUSCONI

黑色
- PLST

披在身上的感覺像黑色大衣。除了能打造經典的黑白灰色系，還能收束彩度低的顏色，或讓其他色彩顯得更鮮豔。

灰色
- MUJI

灰色針織衫能搭配任何顏色，是超強百搭款。選擇高針數的布料，能正式也能休閒。

休閒色褲搭上針織外套
能提升質感

乍看嚴肅的黑色針織外套，只要配上色褲與印花T恤，就能輕鬆駕馭。針織外套的黑具有將綠色襯托得更鮮明的效果。

- cardigan: PLST
- t-shirt: moussy
- pants: GAP
- bag: VELES
- pumps: BOUTIQUE OSAKI

用黑色長版針織外套，
將樸素的裝扮收束起來

棕色X灰色的低彩度配色也能用黑色收束起來，增添層次感。還能視搭配的不同，在休閒與正式之間切換，營造不同感覺。

- cardigan: PLST
- inner tops: BENETTON
- pants: PLST
- bag: roberto pancani
- pumps: La TOTALITE

黑色X白色
讓休閒風更有型

只要披上黑色長版針織衫，就能營造出對比，讓平凡的橫條紋T恤及白色牛仔褲也變得很有型。重點在於只用白與黑簡單俐落地統整。

- cardigan: PLST
- inner tops: MUJI
- denim: UNIQLO
- bag: IACUCCI
- pumps: FABIO RUSCONI

item: 6

百搭實穿的鞋子

- convenient shoes

不論好壞，鞋子都會影響整體穿搭的印象，因此最好依據時間、地點、場合臨機應變挑選。以下介紹實穿百搭的必備鞋款。

1 高跟鞋

- Daniella & GEMMA〔左〕 - Spick & Span〔中〕- La TOTALITE〔右〕

腳跟需完全貼合

必要時刻總會需要高跟鞋。黑色高跟鞋在正式場合也能穿，鞋櫃裡絕對需要一雙。裸色、灰色則與任何顏色的服飾都能搭配，非常實穿。若要修飾腿長，建議選跟7公分以上的款式。

選擇鞋底腳指部分柔軟有彈性的款式，走起來比較不累。

淺口鞋能讓腿看起來更修長

鞋墊最好有緩衝效果

2 樂福鞋

- UNITED ARROWS

樂福鞋一年四季皆可穿，不論是想打扮得中性一點、陽剛一點，或是想讓裙裝顯得不一樣時，樂福鞋都是最佳選擇。另外，在只想輕鬆穿搭、不想用力打扮的日子，也能靠樂福鞋打造慵懶的都會感。建議先買一雙黑色，若需要第二雙，再選深棕色，這樣就足以應付各種穿搭了。

3 尖頭平底鞋

- FABIO RUSCONI

雖然是平底鞋，但鞋尖修長的版型既有女人味，又能輕鬆營造俐落的印象。在視覺效果上還能修飾腳型，盡量選淺口鞋，效果更好。

4 - adidas, CONVERSE
輕便運動鞋

想要營造整潔清爽的感覺，可以選白色的運動鞋；想要休閒
一點、靠鞋款一決勝負，則可以穿帆布鞋。依照整體的穿搭
印象換著穿即可。

5 - Pili Plus, PARIGO
蛇紋鞋

想讓樸素的打扮顯得有質感時，建議可以搭配蛇紋、豹紋等
紋路鮮明的鞋款。它比想像中好搭，而且效果極佳，不妨準
備一、兩雙。

番外篇 LET'S ENJOY RAINY DAY

雨天的穿鞋提案

平時雨天時穿的鞋子，除了真正的雨鞋以外，都是平常也能穿的便宜
合成皮鞋，並不是雨天專用鞋。會視時間、地點、場合換著穿。

RAIN SHOES _ 1　　　　　RAIN SHOES _ 2　　　　　RAIN SHOES _ 3

娃娃鞋

娃娃鞋造型圓潤可愛，
能讓雨天心情變好。
（UNIQLO）

長靴

在下大雨或下大雪時穿。具有皮革
質感、版型漂亮，深得我心。
（MACKINTOSH PHILOSOPHY）

漆皮高跟鞋

下小雨有時我會穿高跟鞋。
因為是人工皮，淋雨也不心
疼。（UNIQLO）

item: 7

正式與休閒的包包

- decent bag & casual bag

包包只要有兩種，就能應付所有狀況。一種是在重要場合拿的「正式款」，另一種是在輕鬆出門、去公園或出遊時拿的「休閒款」。

大人必備的
經典款
7

正式款包包

底部有腳釘感覺較正式，且不易弄髒。

挑選重點

提把不要太長

金屬光滑圓潤、沒有廉價感

正式包包建議選真皮材質，會愈用愈有味道

單包的重量不能過重

包型堅挺不鬆垮

(VELES)

小鎖鍊包的錢包該怎麼放

平常我都是拿長夾，拿小鎖鍊包時就會換成專用的小錢包。
小鎖鍊包…FURLA、小錢包…ANYA HINDMARCH

休閒款包包

手拿包

有時可以拿帶有鮮豔刺繡的款式。雖然容量不大，但時尚感會倍增。
（ZARA）

小鎖鍊包

容量非常小，與其說是實用品，倒更像裝飾。因為面積小，所以可以用較鮮豔大膽的顏色。
（&.NOSTALGIA）

帆布束口包

帶有花紋，能增添恰到好處的休閒感。肩揹款與洋裝搭起來比例較好。（roberto pancani）

包包的尺寸可以分「大・中・小」

我會將包包分成3個尺寸來使用。東西很多或旅行時揹實用的大包包，
平日則帶中包包，當裝飾或參加宴會時就拿小包包。

大

MAISON KITSUNE

Sans Arcidet

GIANNI CHIARINI

中

ZARA

MAISON VINCENT

IACUCCI

小

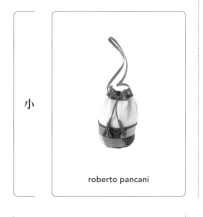

roberto pancani

&.NOSTALGIA

CHRISTIAN VILLA

⇩

休閒用

去公園或出遊時用，一拎就
能出門，是它的魅力所在。

⇩

可休閒可正式

鍊子還能收起來，使用性廣。

item: 8

黑色連身洋裝

- black dress

連身洋裝造型簡單、沒有多餘的裝飾。
有了這一件，想怎麼搭都可以，非常方
便。

大人必備的
經典款
⑧

- ☑ 長度：把膝蓋擋住。
- ☑ 材質：具有恰到好處的光澤感，不易起皺摺。
- ☑ 領口：窄一點或寬一點都好，只要適合自己的就
  行。

- dress: &.NOSTALGIA

CASUAL DOWN

配上牛仔外套製造反差

加上帽子

BASIC STYLE

SIMPLE CHIC

宴會服

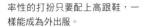

率性的打扮只要配上高跟鞋，一
樣能成為外出服。

- **jacket:** YANUK
- **bag:** NATURAL BEAUTY BASIC
- **pumps:** VII XII XXX

連身洋裝單穿就很好看，最適合
穿去旅行的度假風。

- **hat:** Marui
- **bag:** Sans Arcidet
- **sandals:** GAP

搭配具有光澤感的飾品，就能搖
身一變成為宴會服。

- **bag:** LOEFFLER RANDALL
- **pumps:** carino

HOODIE

運動休閒風點

與家人共度的週末可以配連帽外套打扮得輕鬆點。

- **parka:** UNIQLO
- **bag:** &.NOSTALGIA
- **shoes:** CONVERSE

用橫條紋裝飾

橫條紋 LOVE

STRIPE

把心愛的橫條紋上衣披在肩膀上，成熟又可愛的夏裝就完成了！

- **tops:** UNIQLO
- **bag:** MAISON KITSUNE
- **sandals:** ADAM ET ROPE

成熟又繽紛

用粉紅點綴，增添女人味

ACCENT COLOR

黑色連身洋裝配粉紅針織外套，便不會太甜膩。

- **cardigan:** JOHN SMEDLEY
- **bag:** &.NOSTALGIA
- **pumps:** La TOTALITE

CHIC CODE

配長版針織外套醞釀優雅氣質打扮得輕鬆點

披上正式的針織外套，就能赴午餐約會了。

- **cardigan:** MUJI
- **bag:** ZARA
- **boots:** Daniella&GEMMA

item: 9

寬褲

- wide pants

大人必備的 經典款 9

寬褲已經愈來愈常見，是一年四季都能
穿的百搭款。穿起來舒適又能修飾體
型，是它最吸引人的地方。

☑ 材質：選有垂墜感的布料才不會太寬，看起來
　　也會比較成熟。

☑ 腰際：有腰帶環會比較正式。

☑ 長度：想要看起來清爽一點，可以選九分褲。

- **wide pants:** UNIQLO

好輕鬆

**Q 上衣該紮進去
還是放出來？**

想要正式一點時，可以將上衣下襬紮進褲子
裡；想營造休閒輕鬆感時，可以只把前面紮
進去。兩種穿法看場合換著穿。

正式　IN

休閒　OUT

**Q 想穿平底鞋的話，
長度怎麼穿？**

褲子的長度若露出腳踝，穿平底鞋的比
例就會很好看。

大人必備的
經典款
10

推薦的9款單品

- select items

①

- **logo T-shirts:** CHEAP MONDAY.moussy

〔印花T恤〕

可以單穿也可以當內搭，能展現大人的童心。

②

- **check stole:** Johnstons

〔格子圍巾〕

秋冬的打扮往往比較樸素，可以加上格子圍巾增添立體感。

③

- **white knit:** PLST

〔白色毛衣〕

秋冬配色通常比較暗，可以用來中和色調，讓臉部瞬間亮起來。

④

- **thin coat:** FRAMe WORK

〔薄大衣〕

季節交替時最適合披上一件薄大衣。

⑤

- **chester coat:** REYC

〔查斯特大衣〕

適合休閒也適合正式打扮的經典單品。

⑥

- **riders jacket:** beautiful people

〔騎士外套〕

用來搭女性化的服飾，重點是版型和尺寸都要合身。

⑦

- **down coat:** UNIQLO

〔羽絨衣〕

羽絨比例較羽毛高的款式，會比較保暖。

⑧

- **short boots:** Daniella & GEMMA

〔短靴〕

短靴適合搭裙子，也適合搭褲裝。

⑨

- **white bag:** ZARA

〔白色提包〕

當全身的打扮不夠有精神或缺少點什麼時，配白包包準沒錯！

錢該花在哪裡？不該花在哪裡？

有些東西可以用便宜一點，有些不行。
依目前的狀況，我將物品的價格分為以下三種。

① 值得投資

衣櫃必備款式，無關流行，會一直想穿下去的單品。但也不要一下就投入重金，先從價格合理的商品開始挑選，這樣就不會失敗了。

羊毛大衣

舒適度、觸感等
質感的優劣差異很明顯。

騎士外套

優質的皮革會隨時間過去
愈來愈有韻味。

秋冬款喀什米爾圍巾

冬天的圍巾最重要，
沒有比喀什米爾更保暖的了！

② 日後可以投資

這些也是不會被流行淘汰，可以長年穿搭的單品。目前我還在摸索價格實惠又經得起時間考驗的款式。

風衣

目前為止最常買錯的單品。直到第3件我才知道自己喜歡什麼樣的顏色、長度與細節。

羽絨衣

我想找不論正式或休閒都好看的款式，至於喜歡的顏色和質感還在摸索中。

樂福鞋

改天一定要買一雙能反覆保養、穿得長久的款式。

③ 不必太花錢

只要看起來不會廉價、布料結實就夠了，再來就看如何保養！現在的東西就算便宜，品質也比以前好太多了。

一般穿著

上衣或下身若買太貴，平日就會捨不得穿。因此最好選穿起來不心疼、能水洗、價格平實的款式就好。

鞋子

只要買1千元左右、合腳的款式即可。每天不要穿同一雙，試著輪流換穿，鞋子就不會耗損太快，可以穿得長久。

春天的披肩

選觸感舒適、輕柔蓬鬆的款式。只要選對商品，即使價格便宜，看起來也不會遜於高級品。

02

配色圖鑑

hibi's basic color

早上不曉得該穿什麼的人，
看這章就對了！
從日比流的8種基礎色中，
任選2種搭配，就能創造時尚的色彩魔法唷！

再也不必煩惱怎麼搭配！

日比流

配色圖鑑

看一個人的穿著打扮，首先映入眼簾的是顏色，而顏色的印象又與氛圍的營造息息相關。接下來我將以「日比流基礎8色」的組合，傳授大家配色的魔法，讓乍看普通的色彩變得時尚亮眼！

以下就是日比流基礎色！

從這魔法8色中任選2色搭配，不論怎麼搭都好看！時尚配色信手拈來！

顏色沒有優劣之別，因此基本上不會有難以搭配的顏色。但搭起來是否時尚，就是一門學問了。其實不必把配色想得過於複雜，只要運用包含時尚基礎色「淺藍」與「卡其」的「日比流基礎8色」，不論怎麼排列組合都會變得時髦，輕輕鬆鬆完成時尚穿搭。

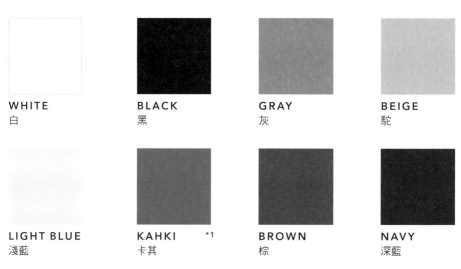

WHITE 白	BLACK 黑	GRAY 灰	BEIGE 駝
LIGHT BLUE 淺藍	KAHKI　*1 卡其	BROWN 棕	NAVY 深藍

這八種顏色都不會太搶眼，搭在一起很有韻味，既成熟又有質感。即使不買新衣服，只要用手邊的舊衣搭出新配色，一樣會有穿新衣的感受。建議大家先輕鬆地實驗看看。

黑　×　棕　　　　淺藍　×　灰

＊在色彩學中，「卡其」指的是偏紅的暗黃色，但在時尚界，卡其色指的是偏綠的暗黃色，更接近「橄欖綠」。

看起來亮眼是有訣竅的！

配色的5大法則

RULE

01

平常穿搭的顏色要控制在三色以內，最多四色。（白色是中性色，不算在內沒關係）

RULE

02

想打扮得成熟一點時，可以選帶有灰色的低彩度色系。

RULE

03

想營造俐落、帥氣的效果時，可以用亮色與暗色的對比配色來突顯差異。

RULE

04

想呈現端莊優雅的感覺時，可以降低對比，採用彩度相近的色調，讓全身的顏色融合協調。

RULE

05

想營造正式禮服的感覺時，顏色要控制在一至兩種以內（禮服最好以皇室穿著為範本，不要使用太多顏色，含配件在內最多兩種色系就好）。

[黑 × 白]
Black × White

BASIC COLOR

整潔乾淨

歷歷分明的白×黑對比，用棕色提包調和

帶有水洗質感的率性襯衫用熨斗燙一下，線條就很漂亮。平價服飾的「整潔乾淨感」是關鍵。

- **shirt:**MUJI
- **pants:**PLST
- **bag:**VELES
- **pumps:**FABIO RUSCONI

具有份量感的長裙搭配迷你鎖鏈包，比例剛剛好

碎花長裙買第二年了，仍是十分好搭配。常被人說：「啊，又是這件！」雖然有點不好意思，但我還滿喜歡被這樣調侃。

- **tops:**BEAUTY & YOUTH
- **skirt:**&.NOSTALGIA
- **bag:**&.NOSTALGIA
- **sandals:**SARA JONES

[黑 × 白]
Black × White

加入披肩

COOL STYLE

 +

寬鬆的粗橫條紋上衣，就用正式的打扮收束起來

休閒的粗橫紋上衣搭配較正式的款式，增添成熟俐落感。這件上衣已經陪伴我許久，現在我愈穿愈愛它。

- **outerwear:**UNIQLO
- **tops:**UNIQLO
- **pants:**PLST
- **bag:**CHRISTIAN VILLA
- **pumps:**FABIO RUSCONI

 +

格紋披肩讓簡單的打扮瞬間亮起來！

秋冬的穿搭往往顏色較單調，這時格紋披肩就能派上用場了。格紋帶有紅色，看起來暖暖的，很適合當作冬天的配件。

- **knit:**GREEN LABEL RELAXING
- **skirt:**UNIQLO
- **bag:**IACUCCI
- **boots:**Daniella&GEMMA
- **stole:**Johnstons

 +

用酷酷的皮衣穿出中性帥氣

白×黑×灰的打扮怎麼搭都好看，但也容易過於樸素。所以我配了不會太誇張又顯眼的綠色斜揹包，增添一點雅痞的率性氣質（笑）。

- **outerwear:**beautiful people
- **inner tops:**AZUL BY MOUSSY
- **pants:**PLST
- **bag:**NATURAL BEAUTY BASIC
- **shoes:**Pili Plus

黑 × 駝
Black × Beige

我愛風衣

HANDSOME

用帥氣的黑×駝營造
優雅氣質

黑×駝算是比較成熟穩重的配
色，不過駝色的溫柔魅力依然不
減。為了脫掉外套後不要太單
調，不妨在頸部加了項鍊或絲巾
當作點綴。

- **coat:** &.NOSTALGIA
- **knit:** ZARA
- **pants:** PLST
- **bag:** VELES
- **pumps:** carino

駝色褲該怎麼穿才顯得時尚，
是個大哉問

駝色卡其褲一不小心就會顯得邋
遢。記得穿搭時要以「成熟率
性」為原則，避免鮮豔的色彩，
並把顏色數目控制得少一些。
GAP的海灘鞋設計很簡約，深得
我心。

- **tops:** BEAUTY & YOUTH
- **pants:** GAP
- **bag:** ZARA
- **sandals:** GAP

[黑 × 卡其]
Black × Khaki

KHAKI SHIRT

我愛格子

 +

當黑色比例偏高時，
可以善用「不同的材質」

我想營造俐落優雅的感覺，所以
配件刻意都選黑色。接著再善用
皮革包包的質感增添差異性。約
四年前買的平價格紋披肩實在太
好用了。

- **jacket:** PLST
- **knit:** ZARA
- **pants:** PLST
- **bag:** IACUCCI
- **pumps:** FABIO RUSCONI
- **stole:** shimamura

 +

卡其可以直接當成經典色，
而非流行色來使用

將卡其這種低彩度顏色特有的朦
朧感用黑色收束起來，就會比較
幹練有精神。但整體色調也比較
暗，所以記得加入「一點點白」
去點綴。

- **hat:** Marui
- **shirt:** MUJI
- **inner tank-top:** PLST
- **pants:** PLST
- **bag:** ZARA
- **sandals:** GAP

白 × 淺藍
White × Light Blue

帥氣風

REFRESH

 +

讓裝扮呈現立體感的訣竅

很多方法能呈現立體感,將暖色
與冷色搭在一起是其中之一。暖
色屬於前進色,冷色屬於後退
色,兩者搭在一起不但能呈現立
體感,還能增加配色的韻味。

- **knit:** &.NOSTALGIA
- **denim:** UNIQLO
- **bag:** &.NOSTALGIA
- **stole:** 5351 POUR LES FEMMES
- **pumps:** Spick & Span

全身上下都很素雅時,
要加強各部位的收束

上半身與下半身刻意選了同色的
牛仔布料,但這樣就要增強俐落
感,以免沒精神。用白色與絲巾
的顏色增添對比,就能延續視覺
感並將整體造型拉出層次。

- **shirt:** BARNYARDSTORM
- **denim:** UNIQLO
- **bag:** ZARA
- **shoes:** ing

[白 × 灰]
White × Gray

GOOD LOOKING

增添休閒感

 +

在灰裡加入少許中性的白色打扮

深灰搭淺灰露出一點白色內搭增
添層次感,以免放下包包後太單
調。配上紅棕色的高跟鞋增加一
點時髦都會感。

- **hat:** &.NOSTALGIA
- **knit:** &.NOSTALGIA
- **inner tank-top:** PLST
- **pants:** UNIQLO
- **bag:** ZARA
- **shoes:** Spick & Span

+

**白×灰雖然帥氣但容易單調,
那該加入什麼顏色呢?**

白與灰沒有彩度,性質上缺乏溫暖的感
覺。就跟天氣冷時會想穿暖一點一樣,
顏色可以加上棕色系包包,這麼一來就
會顯得比較溫暖。

- **shirt:** MUJI
- **denim:** UNIQLO
- **bag:** MAISON VINCENT
- **stole:** 5351 POUR LES FEMMES
- **shoes:** ing

格紋 ♡

［ 白 × 深藍 ］
White × Navy

MARINE COLOR

 +

大人也適合的格紋襯衫

格紋襯衫容易給人小孩子氣的印象，
但只要加入經典色，就會很好搭配。
它還能為可愛成熟的打扮增添一絲通
透感，打造出清新的感受。

- **cardigan:** UNIQLO
- **shirt:** MUJI
- **pants:** UNIQLO
- **bag:** VELES
- **shoes:** ing

 +

白×深藍再加上紅、黃點綴
的清爽海軍風

春天頻繁出現的海軍色，指的是
以白、深藍、紅所組成的海軍服
形象色。我另外加上了與深藍色
呈對比色的黃色點綴。

- **tops:** MACPHEE
- **pants:** UNIQLO
- **bag:** &.NOSTALGIA
- **pumps:** VII XII XXX

白 × 棕
White × Brown

CHIC STYLE

大地色

褲裝選淺色系，營造輕快的印象

這套棕色與右邊那套棕色顏色不同，上下顛倒就能把重心抬高。妳知道褲裝或裙裝穿淺色，就會給人積極的印象嗎？（重心講解請看p105）

- **knit:** &.NOSTALGIA
- **pants:** PLST
- **bag:** CHRISTIAN VILLA
- **pumps:** Le Talon

夏天也能穿的清爽棕色打扮

人們大多以為棕色是秋冬色系，但它也是夏天泥土乾涸的顏色，因此春夏當然能使用。與白色搭配，就能醞釀出清爽中帶點雍容華貴的韻味。

- **tops:** BEAUTY &YOUTH
- **pants:** &.NOSTALGIA
- **bag:** Sans Arcidet
- **sandals:** ADAM ET ROPÉ

駝 × 深藍
Beige × Navy

自然隨性的休閒打扮

駝色有各式各樣的變化，像卡其褲就能營造率性自然的印象。搭配偏正式的鞋款，除了能展現優雅氣質還能增添帥氣感。

- **knit:** titivate
- **inner tank-top:** PLST
- **pants:** GAP
- **bag:** MAISON VINCENT
- **pumps:** FABIO RUSCONI

簡約優雅的溫柔配色

駝色給人優雅溫暖的印象，深藍則散發出知性氛圍，令人覺得可靠。在需要溝通協商的場合，十分適合這樣的配色。

- **tops:** UNIQLO
- **pants:** UNIQLO
- **bag:** ne Quittez Pas
- **pumps:** La TOTALITE

- **outer:** FRAMe WORK
- **tops:** UNIQLO
- **pants:** PLST
- **bag:** ne Quittez Pas
- **pumps:** FABIO RUSCONI

[駝 × 棕]

Beige × Brown

NUANCE COLOR

 加入白色

加入不一樣的白，
會大大改變印象

這套以棕色為主，因此搭配它的白不
是純白，而是好搭配的米白。這會讓
整體的造型多了溫暖、柔和的印象。
最適合需要展現親和力的場合。

- **coat:** &.NOSTALGIA
- **inner tops:** &.NOSTALGIA
- **pants:** PLST
- **bag:** VELES
- **pumps:** BOUTIQUE OSAKI

全身都棕色時，
可以適度加入白色

炎炎夏日很適合這樣休閒的打扮。全
身都穿暖色系的棕色看起來會太熱，
所以加入白色增添清涼感。KITSUNE
的托特包依然是我的心頭好。

- **tops:** BENETTON
- **inner tank-top:** PLST
- **pants:** PLST
- **bag:** MAISON KITSUNE
- **sandals:** ADAM ET ROPÉ

[駝 × 白]
Beige × White

STYLISH

 +

加入橫條紋，
為穿搭營造立體感

在家附近走走時，軍裝外套真的很實用。我會穿得清爽些，避免太陽剛。順帶一提，軍裝外套精確的名字其實叫作M-51。

- **coat:** UNITED ARROWS
- **inner tops:** MACPHEE
- **denim:** UNIQLO
- **bag:** IACUCCI
- **pumps:** FABIO RUSCONI

 +

優雅又具有親和力的配色，
讓人想一穿再穿

高針數的駝色針織背心，能帶來優雅的雍容華貴感。米蘭螺紋布具有高級感，材質偏硬挺，能修飾身體的線條，這點深得我心。

- **tops:** UNIQLO
- **pants:** UNIQLO
- **bag:** FURLA
- **pumps:** Spick&Span

 +

略嫌死板的西裝外套，
配上卡其褲增添休閒感

西裝外套是我很喜歡的單品，但我怕太嚴肅，所以加入了卡其褲增添休閒感。今後我會繼續找出更多白色西裝外套的搭法。

- **jacket:** PLST
- **pants:** GAP
- **inner tops:** BEAUTY & YOUTH
- **bag:** VELES
- **shoes:** Pertini

[卡 其 × 白]
Khaki × White

SIMPLE CHIC

率性自然

穿上卡其色襯衫就很率性

用色調不像駝色那麼曖昧的卡其襯衫
來展現成熟帥氣。即使是盛夏，我也
堅持襯衫要穿長袖，但我在想今年似
乎該來挑戰短袖了⋯⋯

- **shirt:** MUJI
- **denim:** UNIQLO
- **bag:** roberto pancani
- **sandals:** EMU Australia

陽剛帥氣的工作褲，
搭配白襯衫增添優雅氣質

工作褲原本是工作時穿的，給人
很休閒的印象，因此搭配的單品
要正式一點。大人穿搭的鐵則，
就是「不要全身上下都休閒」。

- **shirt:** MUJI
- **pants:** PLST
- **bag:** IACUCCI
- **pumps:** FABIO RUSCONI

[卡其 × 白]
Khaki × White

ENJOY!

KNIT OOTD

秋冬的白可以選米白，
增添季節感

卡其容易給人強烈的軍裝感，但
只要搭上柔和的米白，就會很優
雅，而且還能展現出溫暖的氛
圍，是非常適合秋冬的配色。

- **coat:** Fit Me
- **inner tops:** GREEN LABEL RELAXING
- **pants:** PLST
- **bag:** &.NOSTALGIA
- **pumps:** La TOTALITE
- **stole:** MUJI

襯衫內搭，
將毛衣穿出新鮮感

穿膩毛衣時不妨將襯衫穿在裡面，換一下
感覺（請參考p103）。裙子是我去年終於
買下的卡琳洛菲德（Carine Roitfeld）聯
名設計款。

- **knit:** GREEN LABEL RELAXING
- **shirt:** MUJI
- **skirt:** UNIQLO
- **bag:** CHRISTIAN VILLA
- **pumps:** Le Talon

［卡其 × 駝］
Khaki × Beige

ELEGANCE

 +

帥氣的卡其配上駝色外套，營造柔和氛圍

即使上下的裝扮都很簡單，搭起來略顯單調，只要披上魔法的薄外套就會很有型。因為方便輕鬆，所以春秋時，我到家裡附近走走時幾乎都是這樣的打扮。

- **coat:** FRAMe WORK
- **inner tops:** MUJI
- **pants:** PLST
- **bag:** ne Quittez Pas
- **shoes:** UNITED ARROWS

 +

即使上下都穿UNIQLO，也能呈現出風情萬種的韻味

許多平價服飾即使近看也絲毫沒有廉價感，所以不必害怕近看觀察。穿駝色時，我一定會搭上金色飾品。

- **tops:** UNIQLO
- **skirt:** UNIQLO
- **bag:** &.NOSTALGIA
- **pumps:** Le Talon
- **stole:** 5351 POUR LES FEMMES

 +

大地色系間的自然搭配

把令人聯想到「樹幹」與「樹葉」的駝色×卡其搭起來，就成了「老樹」配色，所以鞋子我才選蛇皮紋。但真正的蛇我就不行了（笑）。

- **shirt:** MUJI
- **pants:** GAP
- **bag:** ZARA
- **shoes:** Pili Plus

卡其 × 淺藍
Khaki × Light Blue

成熟又可愛

MY FAVORITE

加入基礎色也OK的兩種顏色

卡其與水藍是最適合冰山美人的
配色。上下顛倒用卡其襯衫配淺
藍牛仔褲,也是我心中經典的
「好球穿搭」。

- **shirt:** BARNYARDSTORM
- **knit:** GREEN LABEL RELAXING
- **pants:** PLST
- **bag:** IACUCCI
- **pumps:** FABIO RUSCONI

春夏可以善用淺藍色牛仔褲

我會盡量讓牛仔褲與上衣的風格
統一,不過偶爾像這樣來點不協
調感也不錯。卡其與黃屬於同色
系,不但搭起來協調,看起來也
很時尚。

- **tops:** BEAUTY&YOUTH
- **denim:** UNIQLO
- **bag:** &.NOSTALGIA
- **pumps:** Le Talon

[灰 × 駝]
Gray × Beige

LET'S GO!

CLASSY

顏色朦朧時，
用配件增加對比準沒錯

朦朧色系搭起來霧霧的，所以用黑色配件來收束。漆皮高跟鞋穿久了雖然不太舒服，但它的光澤感可以醞釀出雍容華貴的氛圍。

- **coat:** FRAMe WORK
- **knit:** UNIQLO
- **pants:** UNIQLO
- **bag:** IACUCCI
- **pumps:** carino

融合各種元素，
是混搭風的絕妙之處

這套打扮除了有暖色系與冷色系，還混搭了珍珠項鏈、休閒海灘鞋等配件，如此大的反差深得我心（笑）。

- **cardigan:** Clear Impression
- **tops:** UNIQLO
- **denim:** UNIQLO
- **bag:** Sans Arcidet
- **sandals:** GAP

灰 × 黑
Gray × Black

CHIC CODE

**黑色為主的優雅裝扮
配上一點點酒紅**

由於黑色面積比較大，因此整體感覺是收束起來的，但也顯得過於嚴素，我想多增添一點女性化的元素進去，所以選了酒紅色的包包。

- **coat:** UNIQLO AND LEMAIRE
- **knit:** &.NOSTALGIA
- **pants:** PLST
- **bag:** CHRISTIAN VILLA
- **pumps:** carino
- **stole:** macocca

**紅色的格紋披肩
讓整張臉都亮起來**

以紅色為基礎的格紋披肩，看起來雖然容易孩子氣，但只要衣服選擇無彩（白、黑、灰）或是能抑制鮮豔感的顏色，就能將紅色帥氣地襯托出來。

- **knit:** &.NOSTALGIA
- **pants:** PLST
- **bag:** MAISON KITSUNE
- **pumps:** FABIO RUSCONI
- **stole:** Johnstons

**想呈現出優雅氣質時，
要避免用鮮豔的顏色**

上衣的黑與褲裝的灰在亮度上有一段差距，呈現出俐落成熟的感覺。配上色調沉穩的綠色，能起到調和的作用又不會破壞氣氛。

- **cardigan:** UNIQLO
- **tank-top:** UNIQLO
- **denim:** UNIQLO
- **bag:** NATURAL BEAUTY BASIC
- **sandals:** SARA JONES

［ 灰 × 卡其 ］
Gray × Khaki

 +

加入棕色，
營造溫暖印象

我很喜歡用棕色搭配灰色，搭起來很自然。運用大衣及長褲拉出直直的線條，就能呈現出俐落的感覺。

- **coat:** Fit Me
- **inner tops:** BEAUTY&YOUTH
- **pants:** UNIQLO
- **bag:** VELES
- **pumps:** Spick & Span
- **stole:** 5351 POUR LES FEMMES

 +

只有一項是女性化單品的
中性帥氣風

這套的配件與色調都很中性，但我想增添女人味，所以選了尖頭平底鞋來調和。只要加入一項不同類型的元素就OK了。

- **tops:** titivate
- **inner tank-top:** PLST
- **denim:** UNIQLO
- **bag:** IACUCCI
- **pumps:** FABIO RUSCONI
- **stole:** macocca

- **cardigan:** UNIQLO
- **inner-tops:** UNIQLO
- **skirt:** MACPHEE
- **pumps:** carino

[淺藍 × 駝]
Light Blue × Beige

TRENCH COAT

簡單採買

全身上下都以淡色系統整，
散發高雅溫柔的韻味

駝色與水藍色是互補色，彩度雖
低卻能互相襯托，優雅自然又不
會太低調（細節請看p71），而
且很容易搭配，非常推薦。

- **knit:** UNIQLO
- **inner tank-top:** PLST
- **denim:** UNIQLO
- **bag:** &.NOSTALGIA
- **pumps:** BOUTIQUE OSAKI

率性的牛仔襯衫搭上風衣，
一樣可以很正式

春天的風衣內搭一般都會選薄針
織，但搭襯衫也很好看！淺色系
的打扮配上四處點綴的黑，就能
優雅地將造型收束起來。

- **coat:** &.NOSTALGIA
- **shirt:** BARNYARDSTORM
- **denim:** UNIQLO
- **bag:** IACUCCI
- **pumps:** FABIO RUSCONI

淺藍 × 黑
Light Blue × Black

NATTY OOTD

 +

**想要精明幹練時，
就用黑白＆冷色系**

清爽冷酷的配色。包包也可以選
黑的，一路帥到底，但我想醞釀
一些溫柔氣息，所以用了灰色包
包增添一抹柔和感。

- **coat:** UNIQLO AND LEMAIRE
- **knit:** &.NOSTALGIA
- **denim:** UNIQLO
- **bag:** &.NOSTALGIA
- **pumps:** carino
- **Stole:** 5351 POUR LES FEMMES

 +

**想要整潔俐落點，
就把襯衫紮進褲子裡**

我在搭這套時想要強調正式感，所
以把襯衫全部紮進去！水藍色與黑
色都是比較冷的顏色，所以我還加
入了溫暖的棕色。

- **shirt:** BARNYARDSTORM
- **pants:** PLST
- **bag:** VELES
- **pumps:** BOUTIQUE OSAKI

[淺藍 × 灰]
Light Blue × Gray

BLUE LOVE

RITZY

想呈現出俐落的感覺，
就要加強冷色系的對比

灰色的明度偏低，不過與右邊的打扮
比起來，這套的對比更強、配色更銳
利。我在專欄曾寫過，外套是值得
投資的單品，但這件是來自平價品牌
GU的好物。

- **coat:** GU
- **inner tops:** moussy
- **denim:** UNIQLO
- **bag:** NATURAL BEAUTY BASIC
- **pumps:** FABIO RUSCONI

灰色給人「俐落」的印象

淺藍×灰也是比較冷酷的配色，
但由於對比較低，呈現出來的感
覺也比較柔和。搭配太陽眼鏡及
黑色飾品，自然地收束起來吧。

- **t-shirt:** MUJI
- **shirt:** BARNYARDSTORM
- **denim:** UNIQLO
- **bag:** CHRISTIAN VILLA
- **sandals:** GAP

淺藍 × 深藍
Light Blue × Navy

SNAZZY

與任何冬天色調搭起來
都好看的格紋披肩

冬天的穿搭容易厚重，看起來也冰冷暗沉，這時只要加上紅色格紋披肩，就會繽紛起來。在提不起勁的日子，穿紅色顯得元氣十足，而且搭冬季色系也很適合。

- **coat:** COS
- **knit:** GREEN LABEL RELAXING
- **denim:** UNIQLO
- **bag:** MAISON KITSUNE
- **sneaker:** adidas
- **stole:** Johnstons

隨性的牛仔外套能為造型
增添「時髦感」

正式的打扮加上牛仔外套，營造一點率性的感覺。裙子是伊內絲·法桑琪（INES DE LA FRESSANGE）的聯名款。在某次活動上，伊內絲女士曾告訴我，穿搭時絕對不能從頭到尾都同一套風格，那樣會太死板。

- **jacket:** YANUK
- **inner tops:** MACPHEE
- **skirt:** UNIQLO(INESコラボ)
- **bag:** ZARA
- **pumps:** VII XII XXX

簡單的牛仔襯衫是百搭經典款

上半身與下半身選用不同質感的牛仔布款式。再加入比較內斂的顏色打造酷酷帥帥的印象。我喜歡淺藍襯衫遠大於白襯衫，它不像白襯衫的對比那麼強烈，搭什麼都好看。

- **shirt:** BARNYARDSTORM
- **inner tank-top:** PLST
- **denim:** MUJI
- **bag:** IACUCCI
- **pumps:** FABIO RUSCONI
- **stole:** 5351 POUR LES FEMMES

棕 × 灰
Brown × Gray

KICKY

HOW I LOOK?

 +

低彩度色系的率性配色

低彩度色系容易產生朦朧感,因
此最好搭黑色配件。包包豹紋的
底色與褲子同色系,不但搭起來
和諧,還能畫龍點睛。

- **hat:** &.NOSTALGIA
- **knit:** &.NOSTALGIA
- **pants:** &.NOSTALGIA
- **bag:** IACUCCI
- **pumps:** FABIO RUSCONI

 +

將休閒的牛仔褲穿出穩重感

灰白色系的穿搭配上棕色針織外
套,呈現出優雅的印象。棕色能
給人沉穩、安心的感覺,是大人
的顏色。

- **cardigan:** Clear Impression
- **inner tops:** MUJI
- **denim:** UNIQLO
- **bag:** IACUCCI
- **pumps:** FABIO RUSCONI

自然
配色

棕 × 淺藍
Brown × Light Blue

SPIFFY

MAISON
KITSUNÉ
PARIS FRANCE

棕色系×藍色系變化無窮

在p70我會詳細講解「棕色與藍色」
的配色原理,而這套是屬於色調差異
較大的組合。希望往後來能找出更多
的「AZZURRO e MARRONE」。

- **knit:** &.NOSTALGIA
- **denim:** UNIQLO
- **bag:** MAISON KITSUNE
- **pumps:** Spick&Span

彼此襯托的互補色

棕與藍原本就是互補色,搭起來
相當亮眼。不過這兩色的調性比
較沉穩,沒那麼鮮豔,呈現出來
的感覺也很柔和,不會太強烈。

- **shirt:** BARNYARDSTORM
- **pants:** PLST
- **bag:** roberto pancani
- **sandals:** EMU Australia

棕 × 卡其
Brown × Khaki

自然
配色

EARTH COLOR

大地色系的沉穩秋天裝扮

這套彩度偏低，配起來很沉穩，
不會太搶眼。棕色和卡其色都是
草原上的色調，所以我以豹紋來
點綴，並配上綠松石象徵天空。

- **knit:** titivate
- **pants:** &.NOSTALGIA
- **bag:** IACUCCI
- **pumps:** FABIO RUSCONI

該怎麼把秋季的配色
加入夏裝？

調整比例，加入清爽的白減少棕色的
量就沒問題了。我女兒從以前就很害
怕這件T恤的圖案，現在好像還是很
害怕（笑）。

- **t-shirt:** CHEAP MONDAY
- **pants:** PLST
- **bag:** roberto pancani
- **sandals:** EMU Australia

[棕 × 黑]
Brown × Black

FEMININE

 +

上班也能穿的冬裝

棕色配黑色太暗了，所以褲子選白色提升亮度。我永遠忘不了才剛買下這件的聯名外套，結果它馬上就降價。只好多穿才能回本了。

- **coat:** UNIQLO AND LEMAIRE
- **inner tops:** &.NOSTALGIA
- **pants:** PLST
- **bag:** IACUCCI
- **pumps:** FABIO RUSCONI

想營造優雅沉著的印象，就用棕色吧！

棕色是大地色系，能給人安心的感覺。黑色花裙也因為棕色的包容力呈現出溫柔優雅的氛圍。

- **tops:** BENETTON
- **skirt:** &.NOSTALGIA
- **bag:** Sans Arcidet
- **pumps:** GU

黑色能將與之搭配的顏色襯托得更亮眼

「妳怎麼老是穿這條褲子啊！」這條寬褲是我在兩年前推出的第一款聯名商品。鮮明的棕色搭配黑色顯得很優雅，是我非常喜愛的一套。

- **tops:** BEAUTY&YOUTH
- **pants:** &.NOSTALGIA
- **bag:** roberto pancani
- **pumps:** FABIO RUSCONI

深藍 × 卡其
Navy × Khaki

率性俐落的卡其大衣

在卡其成為流行色之前，這個顏色的服飾
還很少出現在市面上，所以我特地到朋友
的店裡選布，訂做了這件大衣。這顏色灰
灰暗暗的，搭配裡頭的白襯衫，可以把臉
部襯托得很明亮。

- **coat:** Fit Me
- **shirt:** MUJI
- **denim:** PLST
- **bag:** GIANNI CHIARINI
- **pumps:** FABIO RUSCONI

與互補色相近，
且看起來很時尚

我一直以為自己與長版背心無緣，
後來發現只要當成長版針織外套，
套在平常的打扮上就可以了！背心
的俐落線條可以讓整體打扮更有
型。

- **outerwear:** &.NOSTALGIA
- **inner tops:** MUJI
- **pants:** PLST
- **bag:** roberto pancani
- **sandals:** EMU Australia

- **shirt:** UNIQLO
- **pants:** PLST
- **bag:** VELES
- **pumps:** La TOTALITE

[深 藍 × 棕]
Navy × Brown

OFFEREDAT

我愛
深藍

 +

帥氣中性的打扮，
靠高跟鞋增添女人味

巧克力色的毛衣搭配一般牛仔
褲，打造帥氣硬派的休閒風。再
配上蛇皮紋高跟鞋，讓整體造型
更有立體感與時尚感。

- **hat:** &.NOSTALGIA
- **knit:** &.NOSTALGIA
- **denim:** MUJI
- **bag:** MAISON VINCENT
- **pumps:** Le Talon

 +

棕×藍是自然系配色的
另一種變化

將藍色的亮度與彩度壓低，就成了
深藍色。將性質相反的兩種顏色配
在一起，就能輕鬆打造出時尚感。
深藍色上衣的袖子蕾絲既有精神又
有女人味。

- **tops:** &.NOSTALGIA
- **pants:** &.NOSTALGIA
- **bag:** ZARA
- **sandals:** ADAM ET ROPE

[深藍 × 灰]
Navy × Gray

ELEGANT

上班也適合的帥氣優雅風

接近黑的深藍×灰的配色固然中性，但配上帶有垂墜感的優雅長版大衣，依然很有女人味。深藍×灰會給人高貴的印象。

- **coat:** &.NOSTALGIA
- **inner tops:** BEAUTY&YOUTH
- **pants:** UNIQLO
- **bag:** IACUCCI
- **pumps:** FABIO RUSCONI
- **stole:** 5351 POUR LES FEMMES

採用大量深藍的簡約配色

充滿知性與信賴感的深藍色連身洋裝，搭配灰色配件，既簡單又優雅。想打扮得成熟些時，就選沉穩的顏色，並且將顏色的種類降低。

- **one-piece:** STYLE DELI
- **bag:** CHRISTIAN VILLA
- **pumps:** Spick&Span

灰色搭配冷色系，
展現冷酷印象

我很喜歡暖色搭配冷色，不過偶爾像這樣冷到底也不錯。綠色常被誤認為冷色系，其實它既不冷也不暖，屬於中性色。

- **shirt:** UNIQLO
- **pants:** UNIQLO
- **bag:** NATURAL BEAUTY BASIC
- **shoes:** Pili Plus

善用「亮彩」擺脫單調！

亮彩圖鑑

我平常的穿搭是以基礎色為主，但偶爾還是會想加入一些有精神的顏色。加入亮彩點綴，造型就會充滿活力，給人朝氣蓬勃的印象。

點綴色鐵則

1

每套打扮只用一種點綴色，這樣除了易於搭配，也能將點綴色突顯出來。

點綴色鐵則

2

五色戰隊的顏色正好是每個人都能駕馭的點綴色。把顏色的力量當作營養補充品，活用到時尚裡吧！

 RED

想讓自己有精神時，以及想強調領袖特質時。

 BLUE

想讓心情冷靜時，以及想博得他人信任時。

 GREEN

想讓心情平靜時，以及想建立友好關係時。

 YELLOW

想要開朗活潑時，以及想增加自信魅力時。

 PINK

想讓心情溫柔時，想營造成熟可愛的感覺時。

PINK

能醞釀出女人味的顏色。大人穿粉紅色時，要記得打扮得帥氣一點，避免太甜膩。

A_率性的牛仔褲搭配桃紅V領針織外套，看起來很有精神且不會太豔麗。

B_藍能將桃紅襯托得更亮眼。

C_容易過於甜美的粉紅搭配白長褲與樂福鞋，就多了股俐落帥氣感。

D_中性休閒的打扮，配上桃紅針織外套，增添可愛感。

E_搭配橫條紋打造清爽成熟又可愛的印象。

BLUE

能讓人冷靜放鬆的顏色。視覺效果很清爽、令人倍感親切，但要注意平衡，別用太多，以免產生冷冰冰的印象。

A_藍色系單品較多，所以加入棕色包包，以免太冷。

B_只要有一條鮮豔的藍色披肩，就讓臉龐瞬間亮起來，非常方便。

C_搭配灰色有種聰明幹練的感覺。

D_運用黑色，能將鮮豔的藍襯托得更亮眼。

E_藍色的格紋襯衫能打造出優雅的成熟休閒風。

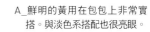

A_鮮明的黃用在包包上非常實搭。與淡色系搭配也很亮眼。

B_秋冬可以用芥末黃等比較沉穩的黃來點綴暗色系。

C_為了別讓腳看起來浮浮的，所以特地選用相近色（這裡是駝色）營造一致性。

D_鮮豔的黃給人健康明亮的印象。重點在於穿得成熟正式一點，才不會顯得孩子氣。

E_溫柔的檸檬黃上衣能讓氣色變佳。與同色系的卡其搭起來超級好看！

YELLOW

暖色系用太多容易膩，此時只要適當地加入無彩（黑、白、灰），問題就能迎刃而解了。

A_運用綠色格子襯衫營造復古
　情懷，展現剛剛好的成熟。

B_自然清爽的配色。這種柔和
　的綠稱為山葵色。

C_配深藍色能呈現出高貴感，
　而且對比不會太搶眼，很好
　駕馭。

D_彩度偏低、很有味道的綠。
　看起來容易霧霧的，所以在
　小地方加入黑色收束。

E_深綠色包包給人的印象很沉
　穩，我大多拿它配灰色。

Ⓐ

Ⓑ

Ⓒ

Ⓔ

Ⓓ

GREEN

綠色與任何顏色都能調和，
能自然地營造出時尚感，而
且各種色調都很有特色，有
各式各樣的變化。

RED

想表現自己的幹勁時，選紅色就對了。不但亮眼，還能讓整體造型更有韻味。

A_對比鮮明的紅黑配色，只要加入白色就會清爽柔和許多。

B_偏黃的朱紅與駝色搭起來非常好看。

C_圍上紅色格紋披肩，臉就會亮起來，呈現出好氣色。

D_穿上紅色高跟鞋，女人味立刻飆升。

E_選顏色沉穩的格紋襯衫，一樣可以穿出休閒風。

· **Knit Care** ·

用衣物刷預防毛衣結毛球

毛球會影響毛衣的外觀，
一旦結了毛球，就只能用去毛球機來清除，
但多多少少會傷害到布料，所以還是好好保養，盡量避免產生毛球。

① 摩擦導致毛球的原理

布料表面的　　　　➡　　纖維聚攏在一起　　➡　　因摩擦而打結，
纖維立起來　　　　　　　　　　　　　　　　　　　形成毛球

參考：東京都清潔生活衛生同業聯盟　www.tokyo929.or.jp

> 預防毛球的五大原則

毛球是因為摩擦與靜電而產生的。

① 避免連續穿著
② 穿完後用衣物刷把纖維梳開
③ 盡量手洗以減少摩擦

④ 包包不要老是揹同一個位置
⑤ 洗滌時使用柔軟精

② 用衣物刷避免起毛球

在毛球出現前「毛茸茸」的階段，
用衣物刷把纖維梳開，就能預防毛球。

布料表面的纖維因摩擦等原因
而立起來。

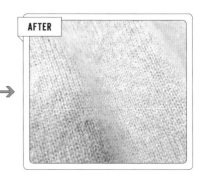

用衣物刷梳一梳，毛茸茸的部分就會散
開，使纖維恢復整齊。

03

配色技巧與
如何穿出魅力

technique & how to

一點穿搭小秘訣，
就能讓平凡無奇的服飾升級！
來看看有哪些今天就能派上用場
且一輩子受用無窮的技巧吧。

· Technique 1 ·
讓人驚呼「看不出是便宜貨」的穿搭技巧

能否讓衣服「物超所值」，取決於挑選技巧及穿搭方法。
「看不出來是UNIQLO」就是最棒的讚美。
快來學習用平價服飾穿出時尚的最強穿搭術吧！

有質感的衣服挑選法

- ☑ 正式一點的款式，不要太過休閒
- ☑ 布料不能太薄
- ☑ 帶有高級的光澤
- ☑ 淺色布料容易看出布料的好壞，更要審慎挑選
- ☑ 深色及白色看起來較有質感
- ☑ 選尺寸剛好，不會太寬鬆的款式

想穿得便宜又美麗，選這些就對了！

休閒單品

輕鬆休閒、重視機能，有彈性。
材質大多為霧面、質地粗糙且無
光澤。

（例）

連帽外套

T恤

運動棉褲

粗針織毛衣　牛仔褲　船型領上衣

（其他）
飛行夾克、卡其褲、帆布鞋等等

正式單品

材質大多無伸展性，屬於「布
帛」。版型簡約俐落。

（例）

襯衫

垂墜感襯衫　西裝外套

查斯特大衣　風衣　高針織毛衣

（其他）
正式的褲裝、高跟鞋等

不要輕鬆休閒感！
讓平價服飾看起來不廉價的秘訣

搭好後變成這樣……
超級休閒

常見的搭法！

⇒ 休閒款式比重過多

⇒ 材質全是棉布料 看起來很邋遢

對策
1

用飾品收束，
打造層次感

加入不同材質&正式配件

對策
2

有意識地創造
俐落的線條

加入俐落、立體的線條，避免休閒過頭

· Technique 2 ·

經典配色！
「AZZURRO e MARRONE」

「AZZURRO e MARRONE」是義大利型男們最喜歡的經典配色。
AZZURRO是天空色，MARRONE是栗子色，也就是「藍」與「棕」的搭配。
不只男士穿西裝時會這樣打扮，女性也可以用這套配色。
有意識地採用這些配色，就能營造出優雅俐落的印象唷！

- **jacket:** VINCE
- **t-shirt:** UNIQLO
- **denim:** MUJI
- **bag:** VELES
- **pumps:** BOUTIQUE OSAKI
- **stole:** 5351 POUR LES FEMMES

推薦重點 **01:** 顏色的互補關係

補色

☑ 互補色能彼此襯托，打造出時尚感。

☑ 互補色同時也是冷色（後退色）與暖色（前進色）的組合，能為造型增添立體感。

推薦重點 **02:** 應用範圍很廣泛！

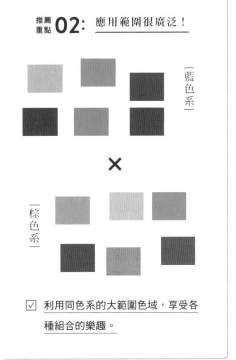

[藍色系]

×

[棕色系]

☑ 利用同色系的大範圍色域，享受各種組合的樂趣。

推薦重點 **03:** 可以用在衣服上，也可以用在配件上

AZZURRO

MARRONE

MARRONE

AZZURRO

A

深藍色襯衫與焦糖色寬褲。深色的搭配是很適合秋冬的「AZZURRO e MARRONE」。

- **shirt:** UNIQLO
- **pants:** &.NOSTALGIA
- **bag:** ZARA
- **pumps:** FABIO RUSCONI

B

毛衣、手錶、樂福鞋的棕色與牛仔褲的藍色，形成經典的「AZZURRO e MARRONE」。包包的顏色雖然偏灰，但也算在棕色系裡頭。

- **shirt:** MUJI
- **knit:** &.NOSTALGIA
- **pants:** UNIQLO
- **bag:** &.NOSTALGIA
- **shoes:** Le Talon

· Technique 3 ·
深淺配色有學問

將深淺不一的同系色搭配起來，就能輕鬆營造出一致性，
但因為顏色缺乏變化，也容易顯得單調、邋遢。
以下就教大家絕不失敗的穿搭技巧！

缺乏變化，
有點可惜

常見的深淺配色

Color Scheme
- -
灰色

· 毛衣改成淺灰色，增加亮度差異。
· 以黑色小物的異材質光澤與質地，收束重點。

· 藉由V領毛衣增添「通透感」。
· 褲子改為白色，透過亮度差異營造對比。

- **coat:** GU
- **knit:** PLST
- **pants:** UNIQLO
- **bag:** IACUCCI
- **pumps:** carino

- **coat:** GU
- **knit:** PLST
- **pants:** UNIQLO
- **bag:** IACUCCI
- **pumps:** Spick&Span

除了右頁以外，建議採用最不容易失敗的經典配色。
善用顏色與材質些微的差異，以及白與黑，就一點都不難了。

Color Scheme	Color Scheme	Color Scheme
駝色	白色	藍色

駝色比較容易看起來邋遢，所以加入白色提升亮度。相鄰的顏色要盡量做出明暗對比，增添層次感。

白色的打扮可以上下用同一色系統整。但若連配件都以白色統一，看起來反而不太自然，所以要加一點變化。

藍的色域很廣，妥善運用就能輕鬆營造出對比。最好再多花點巧思，避免整體的感覺過於寒冷。

- **coat:** &.NOSTALGIA
- **t-shirt:** MUJI
- **pants:** GAP
- **bag:** &.NOSTALGIA
- **pumps:** Le Talon

- **t-shirt:** MUJI
- **pants:** UNIQLO
- **bag:** ZARA
- **pumps:** Boisson Chocolat

- **jacket:** YANUK
- **t-shirt:** MUJI
- **pants:** UNIQLO
- **bag:** ZARA
- **shoes:** adidas

· Technique 4 ·
善用白與黑的
有效穿搭法

裝飾色不一定得是鮮豔的顏色，
白色也可以為造型提升亮度、增添整潔感、打造活力充沛的印象。
黑色能襯托其他顏色，將整體造型強而有力地收束起來。

AFTER

BEFORE

用白色坦克背心
增添亮度

覺得少了點什麼……

總覺得
缺了點什麼……

.POINT.

用白
增加對比

用白色增添亮度！

覺得少了點什麼時，就用白色
增添亮度、提升對比吧！可以
打造開朗的形象，整體造型也
會更活潑。

- **shirt:** UNIQLO
- **tank-top:** PLST
- **denim:** PLST
- **bag:** ZARA
- **pumps:** FABIO RUSCONI

朦朧配色

.POINT.

用
白
黑
收束整體

用白色配件收束

加入白色包包，把上下半身都很朦朧的同系配色收束起來。人眼對最亮的「白色」很敏感，因此效果會非常好。

- **knit:** &.NOSTALGIA
- **denim:** GAP
- **bag:** IACUCCI
- **pumps:** Boisson Chocolat

白色配件：包包

黑色配件：腰帶

黑色配件：包包

用黑色配件收束

卡其與灰的配色偏暗，所以用黑色配件俐落地收束起來。腰帶與包包、鞋子皆以黑色統一，更顯優雅。

黑色配件：鞋子

- **shirt:** MUJI
- **pants:** UNIQLO
- **bag:** IACUCCI
- **pumps:** FABIO RUSCONI

黑色能將搭配的顏色襯托得更鮮明！

· Technique 5 ·
穿中性服飾時多增添女人味

現在許多常見的女性服飾，原本都發樣自軍服或工作服，屬於男性服飾。
這些服裝能醞釀出中性帥氣的感覺，但若直接穿而不賦予變化，往往不夠時髦好看。
追尋這些單品的根源，就能找到將它們穿得率性自然的關鍵。

源自軍服

[連帽大衣]
DUFFEL COAT

[風衣]
TRENCH COAT

[卡其褲]
CHINO PANTS

[橫條紋T恤]
STRIPED T-SHIRTS

[針織外套]
CARDIGAN

[T恤]
T-SHIRTS

其他

源自工作服

[西裝外套]
BLAZER

[騎士夾克]
RIDERS JACKET

[牛仔褲]
DENIM PANTS

[工作褲]
CARGO PANTS

將中性服飾穿出女人味，營造反差！

穿男性化服飾時，要自然地添加女人味，才有時尚感。

頭髮蓬鬆地紮起來

充滿女人味的
精緻飾品

MENS ITEM CODE 1

穿騎士夾克時

騎士夾克要選擇尺寸貼身的款式，再
用女性化配件來中和冷酷感。

充滿女人味的
精緻飾品

有質感的裙子

頭髮自然放下，增添女人味

領口解開兩顆扣子，
露出頸項

優雅的高跟鞋

MENS ITEM CODE 2

穿牛仔褲時

牛仔褲原本是工作服，尺寸要選合身
的，不能太鬆。穿出正式感，不要太
休閒，是成熟休閒風的關鍵。

露出手腕、腳踝，
增添女人味

· Technique 6 ·

冒險色也能駕馭！
百搭任何顏色的「白、黑、灰」

CHECK POINT

不論任何顏色，變淺就會趨向白色，變深就會趨向黑色，降低彩度就會趨向灰色。因此白、灰、黑與任何顏色都能調和，可以說是最百搭的萬用色。

白

變亮

灰

降低彩度

變深

黑

桃紅×黑

白、黑、灰為什麼是「萬用色」？

在色彩搭配上，無彩的「白、黑、灰」扮演著舉足輕重的角色，
因為它們沒有彩度，與任何顏色都能調和，是非常方便的顏色。
當妳猶豫不決該配什麼顏色，或不曉得該拿什麼搭花花綠綠的衣服時，
選「白、黑、灰」準沒錯。

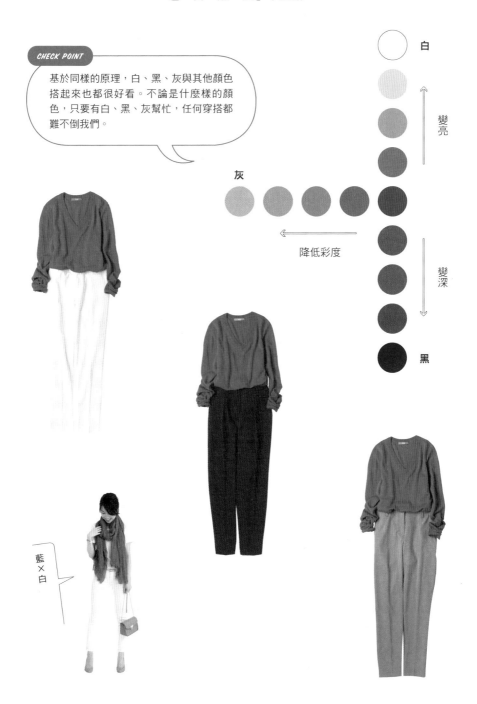

CHECK POINT

基於同樣的原理，白、黑、灰與其他顏色搭起來也都很好看。不論是什麼樣的顏色，只要有白、黑、灰幫忙，任何穿搭都難不倒我們。

白

變亮

灰

降低彩度

變深

黑

藍×白

· Technique 7 ·
穿花紋服飾時的技巧

簡單的打扮配上碎花單品，就能打造出華麗的印象！
很多人都覺得有花紋的服飾不易駕馭，
其實只要把握重點，就很簡單了。

POINT 1

選擇有收束色的花紋

花紋本身若帶有深色，便能營造出收束的感覺，看起來就自然多了。

?

花紋沒有重點色，
看起來霧霧的沒精神。

推薦！

花紋本身帶有深色，
便能營造出收束的感覺。

POINT 2

讓顏色串連，營造統一感

花紋服飾會讓許多顏色同時映入眼簾，教人眼花繚亂。
此時只要用花紋中的顏色來串連，
就能為整體造型帶來一致性，成為時尚高手。

BLACK

GREEN

GREEN

RED

BLACK

BEIGE

BEIGE

RED

讓黑色面積大一點，配上色調內斂的
酒紅色高跟鞋，打造優雅成熟印象。

- **knit:** ZARA
- **skirt:** &.NOSTALGIA
- **bag:** FURLA
- **pumps:** HYBY

綠色與駝色這兩種顏色各自與其他
單品串連，只串連一種當然也沒問
題。花紋上衣很適合度假時穿。

- **tops:** no-brand
- **cardigan:** COMME CA ISM
- **pants:** GAP
- **bag:** Sans Arcidet
- **sandals:** GAP

· Technique 8 ·
飾品常見的7大問題

Q1 **平常可以戴真的珍珠項鏈嗎？**

A 珍珠還是真品最有質感！可是真的珍珠非常脆弱，怕酸又怕水，尤其流汗時更要特別注意。清潔劑、髮膠、防曬乳、化妝品等都會讓珍珠變色，要常保如新非常困難，所以平常只要戴髒了也不心疼的假珍珠就夠了！但也不能選太廉價的……接下來我會教妳怎麼挑選珍珠。

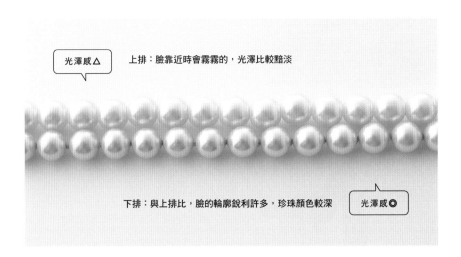

光澤感△　上排：臉靠近時會霧霧的，光澤比較黯淡

下排：與上排比，臉的輪廓銳利許多，珍珠顏色較深　光澤感◎

☑ 避免過輕、過於便宜的假珍珠，盡量挑質量重一點的。

☑ 珍珠與珍珠之間若相連，斷掉時就不會撒滿地了，挑長鍊時這點尤其

　重要。

☑ 盡量挑光澤感佳的款式（參考上圖的照片）。

Q2　金屬過敏時怎麼辦？

 若會金屬過敏，大多是由鎳造成的。因為白金、黃金、銀、鈦……等材質較不太會引發過敏。另外，市面上也有販售能避免過敏的防止液，可以塗在飾品與皮膚接觸的部分。

金屬過敏防止液

可直接塗在首飾上的樹脂塗層，裡頭含有金屬離子，能預防皮膚因過敏而發炎。（JPS株式會社）

Q3　太便宜的首飾壽命很短？

飾品類選擇18K、白金材質固然最好，但價格也很昂貴。可是太便宜的飾品又會很快褪色、變黑。因此我推薦14KGF（注金）及鍍銠加工（白金化）款。這兩種長期使用都不易變色，壽命很長，而且不會引發過敏。我自己在挑首飾時，大部分都選這兩種材質購買。

鍍銠加工(白金化)

用銠這種酷似白金的銀白色金屬電鍍過的飾品，既便宜又會散發白金般的光澤。而且不易變色、堅固又持久，也不太會引發過敏。

14KGF(注金)

14K注金是電鍍的100倍厚，不易變色，但也不能老是暴露在空氣下或帶著洗澡，不好好保養還是會變黑。芯大多為黃銅，價格較低廉，卻擁有14K溫潤的光澤，因此非常推薦大家選購。

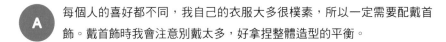

Q4 穿戴首飾時不曉得該怎麼拿捏平衡……

A 每個人的喜好都不同，我自己的衣服大多很樸素，所以一定需要配戴首飾。戴首飾時我會注意別戴太多，好拿捏整體造型的平衡。

耳環偏大、較顯眼時，項鍊就要挑細一點的，輕輕點綴就好。

這件外套的材質及設計都偏中性，所以我配上了精緻的項鍊與手環，增添女人味。

Q5 長鍊與短鍊，該怎麼配衣服？

A 項鍊最好要有不同材質和設計，且有長有短，才容易搭配。短鍊可以點綴空蕩蕩的頸項，長鍊則大多搭配束縛住頸部的上衣，但也不限於這些搭法。

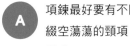

LONG

圓領配長鍊

長鍊可以拉出直直的線條，具有修身效果。還能讓鎖骨不要空蕩蕩的，增添立體感。

SHORT

圓領配珍珠項鍊

在臉部附近增添光澤，可以讓氣色更好。與隨性的T恤搭起來也非常好看。我很喜歡項鍊剛好戴在上衣領口的平衡感。

LONG

高領配長鍊

高領及高圓領這類將頸部圍起來的上衣，搭配長鍊拉出V字線條，就能消除擁擠感，呈現出清爽俐落的印象。

SHORT

V領上衣配精緻的單顆鑽石項鍊

含蓄典雅的鑽石項鍊充滿女人味，適合配領口比較空的服飾，也適合搭襯衫，不論上班或休閒，這都是最實用的項鍊。

Q6　首飾好容易亂七八糟，請告訴我聰明的收納方法！

A　我習慣在髮型整理好後才配戴首飾，因此考量到動線，我將它們收納在化妝間。這樣不但便於挑選、容易拿進拿出，還兼顧了收納的便利性。這是我長期摸索下來找到的方法。

這不是專用的首飾盒，而是用市售文件盒稍微改造而成。平常我會配戴的首飾都收納在這個盒子裡。

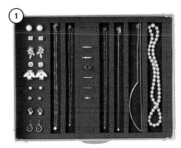

針式耳環、夾式耳環、短項鍊

長項鍊

手環、手鍊、手錶

這上面有1公分大的方格車線，可以依照首飾的形狀自由裁切、挖空。這麼一來首飾是否待在位置上便一目了然，不會忘在其他地方，而且首飾之間也不會互相碰撞、摩擦、交纏。（自製首飾管理墊／kaunet）

Q7　日常使用的首飾該怎麼保養？

A　首飾劣化的原因不外乎沾到了汗水及化妝品。平日保養時，用眼鏡布或柔軟的布料在收起來前擦拭過即可。

微改造 & 微修理

以下將介紹如何花少少的時間，就讓服飾看起來有質感又能常保如新。

① 用釦子微改造

將特價時購入的便宜針織外套釦子改成貝殼釦，增添質感！
光是釦子不同，就能產生這麼大的變化。

BEFORE　　AFTER

② 修補襪子破洞的便利貼

縫補襪子的破洞後，縫過的地方會糾結在一起，穿起來不太舒服，
且有時是同一個地方重複破洞，丟掉很可惜，縫補又很麻煩，
針對這點，我要介紹一個輕鬆就能修補的道具。
以下兩款都具有彈性，穿起來很合腳。

可修補布料厚實的襪子　　　可修補褲襪、隱形襪等較薄的布料

如貼紙一樣的使用法，不需熨燙。剪成喜歡的
形狀貼上即可。（襪子修補貼紙「補丁貼」／
生活樂樂／RISDAN CHEMICAL）

剪下來用熨斗燙過就能黏上，顏色種類也很豐富。
（熨燙修補布，輕薄彈性款／KAWAGUCHI）

04

這時候
該穿什麼？

what should I wear

家長會、運動會、正式聚餐、旅行或返鄉⋯⋯
本章教會妳自然不誇張的時尚穿搭術。

襯衫打扮

SCENE: 1

正式又不會太嚴肅
家長會穿搭

☑ **整潔又有親和力的家長會打扮**

淺藍比一般的藍更溫柔，搭配白色的褲裝顯得乾淨清爽！

一般來說家長會不能穿得太休閒，也不能太嚴肅。正式得恰到好處的打扮，才能展現出親和力。

長版外套

圓領外套

☑ **長版針織外套展現俐落，**
又不像西裝外套那麼嚴肅

長版針織外套不像西裝外套硬梆梆的，但又保有恰到好處的正式感，是我參加學校活動時的首選。選擇高針織的款式，看起來會更正式。

- **cardigan:** MUJI
- **inner tops:** BEAUTY&YOUTH
- **pants:** PLST
- **bag:** IACUCCI
- **pumps:** carino

☑ **用圓領針織外套展現優雅、**
柔和的女人味

圓領針織外套能配出各式各樣的組合。只要穿上色調沉穩的針織外套，就能產生優雅自然的印象。將顏色的數目降低，還能醞釀穩重內斂的氛圍。

- **cardigan:** Clear Impression
- **pants:** PLST
- **bag:** VELES
- **pumps:** FABIO RUSCONI

╲ 這時候 ╱
該穿什麼？

@ 正式餐會

要出席比較隆重的場合或餐廳時，想穿得正式點但又不想太嚴肅，就可以選擇偏正式的洋裝或配件，然後盡量避免休閒元素。

連身裙打扮

SCENE: 2

想打扮得正式點
聚餐穿搭

☑ 用帶有垂墜感的連身裙提升女人味

高針數針織衫直接披著，手不要穿過袖子，就能給人優雅的印象。

西裝外套

套裝打扮

☑ 想要正式時，
　 怎能少了西裝外套

大人穿西裝外套時要注意別穿得像求職的學生。無彩能給人高級優雅的印象，選擇V領內搭，還能展現聰明的感覺。

- **jacket:** PLST
- **inner tops:** BEAUTY&YOUTH
- **pants:** UNIQLO
- **bag:** &.NOSTALGIA
- **pumps:** FABIO RUSCONI

☑ 上下用同色系的搭成一套，
　 加強質感

原本這並不是一套，但我把它們搭成套裝，增添了些許正式感。上下半身用同樣沉穩的色系統一，強調優雅印象。

- **tops:** UNIQLO
- **pants:** PLST
- **bag:** VELES
- **pumps:** La TOTALITE

記得檢查！

褲裝

- ☑ 耐髒的顏色與布料
- ☑ 可以選流行的褲裙或寬褲
- ☑ 可以用色褲變化色彩！

[牛仔褲]

[褲裙、寬褲]

[休閒褲]

[卡其褲]
（含色褲在內）

[工作褲]

[連身褲]

這時候
該穿什麼？

@運動會

運動會的打扮除了要方便活動，還得多下點功夫，以免看起來只像要出門散步。這裡整理了各種單品的挑法及穿搭技巧。

記得檢查！

鞋子

- ☑ 容易穿脫的帆布鞋
- ☑ 無跟的平底鞋
- ☑ 人字拖會弄得都是沙子，不要穿比較好

[帆布鞋]

[懶人鞋]

有了不後悔

抗UV配件

- ☑ UV專用手套
- ☑ 折疊寬帽
- ☑ 太陽眼鏡
- ☑ 防曬乳
- ☑ 薄絲巾

記得檢查!

上衣

- ☑ 蹲下時背部和胸口不會露出來的款式
- ☑ 不會過度裸露
- ☑ 可挑選明亮的顏色或花紋

[襯衫]

◎能打造成熟正式的印象
◎可選彩色的、有花紋的（直條紋等）

[T恤、棉質上衣]

◎非常方便活動
◎給人時尚又積極的印象
◎可選彩色的、有花紋的（如圖案、條紋等）

[長版針織衫]

◎可以防曬
◎黑白灰色系給人沉澱的印象
◎搭配鮮豔的顏色能給人積極的感覺

[連帽外套]

◎夏天可以防曬
◎天冷時還能禦寒
◎率性又自然

想帶去度假的嚴選6大單品

@ 出遊度假的五日

度假是挑戰平常很少穿的及踝長裙的大好機會！可以盡情享受與平日截然不同的穿搭風格。

我在挑度假類服飾時，大多會選造型休閒、材質舒適的款式。但別忘了在飛機上及飯店時得做好防寒措施。

衣服

①

[麻料襯衫]

能抗紫外線，洗過後很快就乾，旅行時非常好用。麻料原本就會帶點皺褶，所以皺了也不必太在意。

②

[白色連帽外套]

在飛機內或飯店時用來禦寒。材質很舒服，穿了沒有壓力。

③

[連身褲]

單穿就很好看，非常方便。建議選不易起皺摺的斜紋針織布。

④

[短褲]

短褲是我平常不太穿的單品，但度假時若要去海邊或游泳池，就能派上用場。

⑤

[及踝長洋裝]

及踝長洋裝在度假時非常實穿。建議選在大海與藍天映襯下較亮麗的顏色。當然也可以穿去吃晚餐。

⑥

[牛仔褲]

準備一件平常穿慣的牛仔褲總是比較安心。能與襯衫、T恤很自然地搭在一起。

包包

因應各式各樣的場合，將休閒款與正式款都準備好，就不必擔心了。若有可折疊的包包會更方便。

配件

抗紫外線的披肩、帽子是必要的。首飾可以選充滿度假氛圍、具有份量的款式。

鞋子

有些店不能穿人字鞋入內，所以要帶比較正式的涼鞋。為了白天長時間走路，我也會準備平底鞋。

搭飛機

去海灘

((DAY 2)) ① + ④

在沙灘上來回走動時，除了穿泳裝，
也能配襯衫與短褲，穿得休閒點。

((DAY 1)) ② + ③

在飛機上穿材質舒適的款式，長時間
飛行依然舒服自在。記得一定要帶連
帽外套禦寒。

去兜風

購物去

到飯店
用晚餐

((DAY 5)) ① + ⑥

兜風最適合穿率性自然的襯衫與牛仔
褲了。這天我選擇了將坦克背心露出
來搭配。

((DAY 4)) ⑤

鮮豔的橘色連身洋裝充滿度假氣氛，
去餐廳不能穿海灘鞋，所以改成時尚
的涼鞋。

((DAY 3)) ③

若是穿連身褲，就不必煩惱上下半身
該怎麼搭配了。胸前用綠松石項鍊打
造度假感。

@節慶返鄉的六日

盡量精簡且能重複穿搭是最理想的。

此外也要考量到行李箱的收納、長時間乘坐交通工具等因素，

然後盡量挑選材質不易起皺摺的款式。

返鄉必備的嚴選6大單品

返鄉時的衣服要盡量精簡、避免太佔空間。關鍵在於選出不論任何場合都能應對、可無限穿搭的款式。

`衣服`

①

[黑色條紋上衣]

不易起皺摺，可正式可休閒，能單穿也能當內搭，是非常實用的單品。

②

[牛仔襯衫]

疊穿或單穿都好看，是一年四季皆可靠的單品。皺褶能讓布料更有味道，保養起來也很輕鬆。

③

[白T]

可單穿也能當內搭，穿搭自由度高。有了白色單品，就能為造型增添「通透感」非常方便。

④

[牛仔褲]

任何旅行都少不了牛仔褲。它能搭高跟鞋也能搭帆布鞋，與任何鞋款配起來都好看，所以一定要帶一件。

⑤

[寬褲]

聚酯纖維的寬褲不易起皺摺，淋到雨也很快就乾，非常實用。選顏色深一點的，弄髒了也不明顯。

⑥

[灰色長版針織外套]

長時間通車不易起皺摺，還能營造出正式感，在旅行時非常實用。也能拿來禦寒。

`包包`

休閒款與正式款準備好，就萬無一失了。若是可折疊的布包與迷你包，就能不佔空間輕鬆收納。

`鞋子`

正式的高跟鞋與平底鞋都要準備。返鄉時我常爬山或去河邊，所以運動鞋也一併帶上。

和朋友到附近的商場

出發！上飛機囉

與朋友共進午餐

《 DAY 3 》 ① + ④

用率性自然的牛仔褲穿出休閒風。為了避免整體造型顯得邋遢，鞋子選擇漆皮高跟鞋。

《 DAY 2 》 ① + ③ + ⑤

長時間走路也能安心的平底鞋。繫上皮帶營造正式感。

《 DAY 1 》 ① + ⑤ + ⑥

搭機時我很注重穿出正式感，所以會選不易起皺摺、無彈性的布料。

家人共進晚餐

與孩子們親近大自然

在親戚家聚會

《 DAY 6 》 ② + ⑤ + ⑥

長版針織外套疊穿寬褲，再用迷你包輕輕點綴。

《 DAY 5 》 ① + ⑤

用橫條紋上衣穿出正式感，再透過迷你肩揹包與高跟鞋修飾身型。

《 DAY 4 》 ② + ④

穿牛仔褲與襯衫，避免被蟲咬及抗紫外線。全身藍看起來非常清爽。

· Goods for Trip ·
旅行必備的便利小道具！

以下是旅行時我一定會帶，有的話非常方便的9大單品。

1

[口罩]

在飛機上及在飯店都能避免口鼻過度乾燥，還能為肌膚保濕，真是一舉兩得！

2

[醫療用壓力襪]

長時間搭機或需要走很久的路時必備。這是醫院開的醫療襪，效果非常好。（VENOSAN）

3

[行動拖鞋]

這是平常參加小孩學校活動時穿的室內鞋，旅行時我也會帶著，在飛機上或飯店裡穿。（BUTTERFLY TWISTS）

4

[折疊式曬衣夾]

用來晾家人的泳裝或清洗過的衣物。旅行時我一定會帶。

5

[吊掛收納袋]

容量很大的吊掛收納袋。能將容易亂七八糟的盥洗用具、化妝品整齊地收納起來。（Vera Bradley）

6

[白金美容滾輪]

腳、肩膀、手臂痠痛時不可或缺的按摩工具。防水，可以邊泡澡邊使用。（ReFa CARAT）

7

[清潔滾輪]

飯店不會附清潔滾輪，所以旅行時我一定會帶。這是衣物用的，黏著力恰到好處，不會傷到衣物。

8

[垃圾袋(2個)]

家人的髒衣服我會將白色與彩色分開，裝進垃圾袋裡。回家後只要扔進洗衣機裡就能搞定。

9

[衣物收納袋]

將邊緣撐開後容量會變2倍，可分格。有了它，就能將行李箱收拾得整整齊齊。（TRAVEL EARTH）

05

大人的穿搭
煩惱Q & A

Question & Answer

冬天也可以穿白色嗎？

每天的穿搭是怎麼決定的？

春天還沒到，但毛衣已經穿膩了……

白色帆布鞋不好搭……

想知道這些問題的答案嗎？

我將在這裡一次解決大家的煩惱！

Q 雨天不曉得該怎麼穿……

A 這點我也感同身受。光是要想雨天該穿什麼，就夠憂鬱的了。
跟大家分享我在雨天會從哪些角度挑選衣服。

POINT 顏色

被水沾濕痕跡也不明顯的顏色有：
白、黑、深藍、花紋，反過來有些
顏色就得避免在雨天穿，例如水
藍、灰、卡其、棕色、原色系，但
還是要視布料而定。

× 被雨淋濕會很明顯的顏色

雨漬會像這樣很明顯。

[水藍] 　　[灰] 　　[卡其] 　　[棕]

POINT 材質

◎ [聚酯纖維、尼龍]
快乾、不易起皺紋。

○ [麻]
快乾，但遇到濕氣或下雨容易起
皺紋。

[棉]
遇到水不易乾。

△ [羊毛]
濕掉時摩擦容易受損。

[絲・嫘縈]
非常怕水，雨天不適合穿，但若
經過水洗加工就沒問題。

× [皮革]
易產生雨漬，碰到水容易劣化。

其他　深色的棉質服飾容易染色，雨天穿
要特別注意。剛買的牛仔褲也一
樣。

CORDINATE FOR RAIN

雨天的穿搭範例

TOPS
上衣最好選雨漬不明顯
的顏色，材質要速乾。

BAG
建議揹合成皮、尼龍、
PVC等材質的包包。皮
革除了有防水加工的以
外，都要避免。

BOTTOMS
挑選濕了或濺到泥巴也
不明顯的深色。長度選
九分以下。

SHOES
最好穿雨鞋，若不是雨
天專用鞋，改穿合成皮
也OK。

Q 褲襪該怎麼選色才不會失敗？

A 這問題是 Q & A 的常客，實際上也比想像中難挑。若顏色太多，管理起來會很麻煩，所以我建議原則上只買黑色或灰色就好，若嫌在視覺上太重，也可以穿長度過膝的膚色絲襪。

POINT 配色

褲襪的顏色至少要與鞋子融為一體，這樣才有一致性。

這段用同色系相連，就會很好看。

POINT 選色

建議選灰色。灰色不像黑色那麼重，比例恰到好處。若想正式一點，可以選帶有透明感的款式。若要走休閒風，就選不透明的款式。

〔 正式 〕

○ 稍微透明的灰色褲襪

稍微透明的灰色褲襪

〔 正式 〕

○ 灰色內搭褲

80丹尼的褲襪與完全不透明的厚褲襪相比，帶有些微的透明感，能給人優雅的印象。

〔 休閒 〕

○ 灰色內搭褲

厚褲襪搭偏正式的服裝太厚重了，所以改成內搭褲。

〔 休閒 〕

○ 灰色襪子

深色鞋子看起來容易過重，搭配灰色襪子，視覺比例就剛剛好了。

〔 其他 〕

○ 膚色絲襪

黑色及灰色都太重時，就選膚色絲襪。我不喜歡絲襪緊繃的感覺，所以只穿長度到膝蓋上的款式。

Q 穿船型領或深V領時，該怎麼穿內襯才不會露出來？

A 我試過各式各樣的方法，甚至裁切過內襯的領口，但不論怎麼做都會有些露出來，後來才發現要找領口夠寬的款式。現在我很愛穿tutuanna的內搭，GU也有同樣的版型。

脖子後面會露出一點

穿深V領時會露出一點

RECOMMEND

「深U領8分袖」

BACK

FRONT

頸項大大地敞開，不必擔心襯衣會露出來！也有一字領專用款。

Q 穿白上衣時，內衣該怎麼穿才不會透？

A 我都會加穿一件淺灰色坦克背心，因為淺灰色不容易透，即使露出來也看不出是內衣。白色會讓肌膚與襯衣太過壁壘分明，穿膚色一旦露出來又像阿嬤內衣，所以穿白襯衫時我都是配淺灰色。

大力推薦！

Q 基本款與白色帆布鞋搭不起來……

A 帆布鞋雖然是經典款，但材質主要是「布」，與衣服的材料太接近，相較於皮革便少了點俐落感，搭起來的感覺容易「太暖」，加上側邊的紅色條紋又充滿了休閒感，或許這就是搭不起來的原因。

看起來有些邋遢……

RECOMMEND

白色帆布
休閒鞋

若要穿白色休閒運動鞋，不如選皮革材質！皮革款最適合成熟俐落的休閒風了。

Q 白色的褲子或裙子感覺只適合夏天，冬天也可以穿嗎？

A 當然可以穿。白色是冬季的印象色，冬天穿白色不但與清新冷冽的冬日空氣相符，也能讓人聯想到雪，像我就經常穿。白色也有各種色調，可以視服裝選用。

冷色系打扮

適合搭鮮明的純白。

重心時

暖色系打扮

配溫暖的米白。

Q 圓領和V領的針織外套，該怎麼看場合穿？

A 根據穿搭的方向來選用。

V領針織外套

—

打造銳利帥氣的氛圍

＊不過流行款針織外套若單穿，就會跟V領毛衣一樣，變得很女性化。

俐落的線條令人印象深刻，呈現出中性帥氣的氛圍。

實際穿搭時，我通常只會披在肩膀上，來營造俐落帥氣的感覺。

圓領針織外套

—

營造高雅成熟又可愛的氣質

除了保留連身洋裝的質感，還增添了成熟可愛的印象。

搭配牛仔褲，能恰到好處地中和休閒感。

 **Q** 冬天才過一半，毛衣就已經穿膩了……

 A 這點我也一樣，每到過年的時候，市面上就會出現琳瑯滿目的春裝，明明還很冷，但已經穿膩厚毛衣了。這時我就會用毛衣搭配襯衫或長版T恤，改變一下心情。這樣不但能轉變印象，心情也會大不相同，請務必試試看唷。

[V領針織外套×橫條紋T]　　　　[V領毛衣×襯衫]　　　　[高領毛衣×條紋襯衫]

Q 漆皮高跟鞋與麂皮高跟鞋該怎麼選擇？

A 依據穿著舒適度與印象來選用。

[漆皮]

POINT 穿著舒適度

[漆皮]
漆皮特別會磨腳，而且大多是合成皮，所以盡量別長時間穿著走路。

[麂皮]
穿起來舒服，也很好走，建議平日穿。

[麂皮]

POINT 依印象選用

[漆皮]
帶有高雅的光澤，能搭禮服，最適合穿去宴會等豪華隆重的場合。

・想讓女性化的打扮更華麗時
・想為中性化的打扮增添光澤感，烘托女人味時。

[麂皮]
帶有高級的質感，相當優雅。顏色也很豐富，能穿出屬於自己的風格。

・搭配牛仔褲等輕鬆休閒的打扮，一樣能營造出優雅印象。
・甜美的女性化穿搭可以配尖頭鞋，將造型俐落地收束起來。

Q 如何決定每日穿搭？

A 我挑衣服並沒有特定的規則，只有雨天的挑法略有不同。

平日

從主要服飾開始選

雨天

從鞋子開始選

我會以「當天想穿的單品以及符合當天心情的顏色」為基準，再視時間、地點、場合挑選適合的服飾。等衣服都決定好了，再按照包包→鞋子的順序來搭配。

雨天我會謹慎挑選合適的鞋子。先依據雨勢、時間、地點、場合，按照鞋子→下身來挑選（關於雨天穿的鞋子請參考p17），接著再挑選上衣→包包的順序來選擇該穿什麼。

Q 如何省下熨燙的時間？

A 脫水後立刻用手攤平，衣服就不會起皺摺了，不過這也要視布料而定。把衣服攤在平坦的地方，用手掌與手指把皺褶慢慢撫平，這麼一來即使沒有熨斗，布料也能很整齊。

③ 即使沒有熨斗，晾乾後也會很整齊！

② 只要放在平坦的地方用手攤平

BEFORE

① 就算皺巴巴的⋯⋯

AFTER

104

Q 衣服什麼時候汰舊換新?

A 衣服不像機械,說壞就壞,但還是需要客觀的判斷。

① 衣服鬆鬆垮垮的,版型與質感都變調時
② 出現洗不掉的髒汙或黃漬時
③ 覺得版型或尺寸和「現在的我」不搭時

關於③,我認為愈是基本款,愈需要適時更新。像我就把3年前買的合身V領毛衣,換成了版型比較寬鬆的款式。

> 3年前買的

> 新買的

Q 重心在上或在下的準則是什麼?

A 一般來說,下半身穿深色,重心就會落在下方;將深色挪到上半身,重心就會提高,看起來更有活力,建議視情況來調整。

低重心時
重心落在下面,給人沉著穩定的感覺。

高重心時
重心提高看起來較有活力,給人積極的印象。

細節保養

我每天都會認真做好細節保養，以免洩漏了年齡的秘密。
接下來我會依照不同部位，介紹最基礎的保養方法。

頭髮

隨著年紀增加，不只皮膚需要保養，頭髮也是。我的目標是養出一頭光澤水潤的秀髮。

OK!

NG!

從下往上吹，會讓頭髮過度乾燥

從上面往下吹，再從後面往前穿，先把頭皮吹乾。等到九成乾時調成冷風，這樣毛鱗片就會關閉，頭髮便有光澤了。

☑ **洗髮精＆護髮乳**

「NAPLA的洗護組」

含有「羥高鐵血紅素」成分，能滋養髮絲，讓頭髮柔順水潤。在網路上就能用便宜的價格買到。

☑ **護髮油**

用毛巾將頭髮擦乾後，在髮尾抹一些精油，再用梳子梳開。不只頭髮，任何一處都能用精油來避免乾燥。（摩洛哥堅果油／Melvita）

頸部

頸部的皺紋很難遮掩，所以日常更要保養，平時也要注意姿勢。

☑ **枕頭**

為了避免脖子出現皺紋，我都用與頸部貼合且高度偏低的款式。（無印良品）

☑ **使用手機時**

看手機時，我會盡量把螢幕拿到跟眼睛一樣高的位置，以避免脖子產生皺紋或出現雙下巴。

☑ **鎖骨防曬**

我在梳妝台上擺了一罐按壓式防曬乳，以便在忙碌的早晨也能迅速於鎖骨及胸口塗好防曬。（紫外線預報UV凝露／石澤研究所）

指甲

4

1　2　3

☑ **指甲油**

1_YVES SAINT LAURENT的39號（BEIGE GELLERY）絕妙地調和了裸色與灰色，能讓肌膚顯得晶瑩剔透。2_CHANEL的08號（PIRATE），主要用來塗腳指甲。顏色與光澤都很美。3_KATE的護甲油既便宜，光澤又持久，深得我心。4_無丙酮去光水沒有刺鼻的味道，卸除力也佳。（無印良品）

指甲油要選不會破壞整體造型的顏色。

手

☑ **手套**

清洗時必備的工具。手太乾燥時，可以先塗一些護手霜，戴上棉質手套後再戴上橡膠手套。

做家務時容易傷手，所以要戴手套做好防護，避免刺激。

眼睛

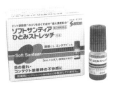

☑ **抗藍光眼鏡**

長時間使用電腦的我，一定會準備抗藍光眼鏡，減輕眼睛疲勞。（JINS）

☑ **眼藥水**

10天就能用完的包裝。無添加防腐劑，用起來很安心。（Soft Santear 潤澤眼藥水／參天製藥）

藍光容易令眼睛疲勞，所以一定要做好防護。

腳後跟

☑ **腳跟與角質保養**

我試過各式各樣的角質護理，這個是最輕鬆也最漂亮的。（爽健絲絨柔滑電動去硬皮機／Dr. Scholl）

☑ **大創的後腳跟保護套**

去角質後的保濕非常重要。用完後我都會扔洗衣機，到現在還沒壞（笑）。（大創）

腳跟只要好好保養，到了穿涼鞋的季節就沒什麼好怕了！

· Hair Arrange How To ·

用簡單包頭做出輕盈蓬鬆的髮型

不論要梳什麼髮型，我都會賦予基礎髮型一些變化。有時我也會使用髮捲或電棒，但為了避免傷害頭髮，
平常我都是綁包包頭，讓頭髮產生捲度來增添變化。

HAIR STYLE

1 先將上面三分之一的頭髮抓成一束捲一捲，繞著髮根盤出包包頭。

2 將包包頭的髮根用髮圈輕輕綁起來。

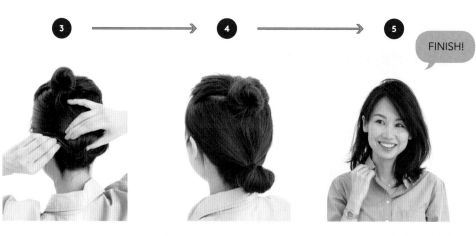

3 剩下的髮束也以同樣的方式綁成包包頭。

4 放著等30分鐘。我會把包包頭迅速紮好，趁這個時候做家事或化妝。

5 FINISH! 用手把頭髮抓鬆，髮尾抹上適量的髮蠟，最後噴一點髮膠定型就完成了。

06

各品牌的
推薦單品

recommend items

這章將介紹哪些品牌
能以便宜實惠的價格買到好衣服，
以及我個人愛用、推薦的單品。

BRAND N°1

UNIQLO

自從有了UNIQLO，就連精紡美麗諾羊毛以及蘇匹馬棉（Supima Cotton）等高級布料的衣服，也能用實惠的價格買到。品質高，價格卻很親切，非常吸引人。跟以前比起來，現在UNIQLO的流行單品增加不少，令人欣慰。

1 *- Recommend Item*
超柔棉襯衫

以超長棉紡織而成，這種棉在全球棉生產量中僅佔了3％，非常高級。我喜歡它恰到好處、不鬆不緊的剪裁，穿起來很輕鬆。

2 *- Recommend Item*
特極亞麻襯衫

採用法國產高級亞麻的襯衫，顏色很豐富，是我每年必逛的單品。材質具有吸汗快乾的特性，即使在悶熱潮濕的日本夏天，也能穿得清爽。

3 *- Recommend Item*
精紡美麗諾系列

選用美麗諾羊毛中的極細纖維紡織而成，經過不易起毛球的特殊加工與可機洗加工，是名牌級的單品。夏涼冬暖，屬於一整年都實穿的長銷款。

4 *- Recommend Item*
特極輕羽絨外套＆背心

薄而不佔空間，極輕保暖的內搭羽絨服。穿厚毛衣及袖子較短的大衣時，可以選背心款。

BRAND N°1

UNIQLO

另外，也很推薦UNIQLO的「萬年不敗款」，也就是長銷商品。那些都是基於消費者的需求，持續改良、推陳出新的款式，保證品質優良。

- Recommend Item

5　彈性長褲

燙中線的俐落褲裝，能讓雙腿顯得修長。前開款，附有腰帶環，感覺較正式。即使是白色也不會透，且不易產生皺摺，可以安心穿。

- Recommend Item

6　垂墜風九分寬褲

可以修飾體態，穿起來又舒適，令我相當著迷。採用UNIQLO獨家的聚酯纖維紡織而成，帶有垂墜感，看起來很有質感。不易產生皺摺，清洗後也很快乾，辦公、休閒兩相宜。

- Recommend Item

7　蘇匹馬棉襯衣

與肌膚直接碰觸的衣物，還是棉最令人安心。UNIQLO的這款襯衣，採用極為稀有、僅佔全球棉花產量1％的高級棉，而且價格很親切。觸感舒適，一年四季我都愛穿。

- Recommend Item

8　HEATTECH 護腰短褲

腹部有兩層布料，能保護容易著涼的肚子，徹底保暖。輕薄不起毛球，也沒有鬆緊帶，不會勒住腹部，穿起來非常舒適。

BRAND N°2

PLST

太貴的衣服容易捨不得穿，就算穿了也不易保養。不過在 PLST，妳一定能找得到價格剛好、品質又高的單品。而且大部分的款式都能在家保養，非常方便。

---

1 *- Recommend Item*
西裝外套

若想買西裝外套，一定要來PLST找找。有許多款式價格親切，版型與布料也很好。選擇無彩的外套，就不會像一般西裝一樣那麼嚴肅，可以展現出女人味。

---

2 *- Recommend Item*
長褲

說到顯瘦長褲，非PLST莫屬了。從經典款到流行款，種類、尺寸一應俱全。居家就能做好衣物保養，不易變形，所以不必送洗。

---

3 *- Recommend Item*
緊身牛仔褲

不只正式的褲裝，牛仔褲也是經典人氣商品。刷舊的質感與版型都很好，穿著時常會有人問我「褲子在哪裡買的」。

---

4 *- Recommend Item*
喀什米爾V領毛衣

觸感與舒適度極佳，我實在太喜歡了，所以每種顏色都買了一件。布料柔軟親膚，棉柔的觸感令人感動。

---

5 *- Recommend Item*
坦克背心

布料的厚度與領口的寬度恰到好處，我買了淺灰、白色、深藍色，都很常穿。是PLST的長銷單品。

BRAND N°3

MUJI

顏色及設計都很簡約,追求親膚的觸感與舒適的穿著感。有些材質的服飾,連洗衣標籤都印在衣服上,可見無印良品的堅持。以下就來看看無印良品中集優點於一身的商品吧。

- Recommend Item

1 有機棉T

領口附縫織帶,不必擔心領口變形。沒有尺寸標籤也沒有洗衣標籤,而是直接轉印在衣服上,因此穿起來非常舒適。

- Recommend Item

2 有機棉彈性圓領T恤

合身感恰到好處,觸感非常舒適。比起單穿,我更喜歡當作西裝外套或針織外套的內搭。

- Recommend Item

3 有機棉水洗襯衫

說到無印,當然得提到有機棉襯衫。不但質感佳、布料挺,不必熨燙,保養起來也很輕鬆。

- Recommend Item

4 日本丹寧男友褲

這款雖然比其他牛仔褲稍貴,但從紡織、縫製到加工,全都堅持在日本完成。刷舊的色澤與穿上後的質感絕佳。

- Recommend Item

5 兩用半指手套

非常保暖,是我的長年愛用款,騎腳踏車時一定會戴,現在這已經是第2雙了。把套子掀起,手指就能靈活活動,功能性極佳。

BRAND N°4

GAP

想走美國休閒風，到GAP準沒錯。我通常會瞄準會員特典及降價時再買，只要登錄會員，就能累積積分，每消費新台幣五元可累積一分，積分可兌換各類優惠禮券及增值服務，亦可抵扣商品的金額，總折扣最多至50%。

- Recommend Item

1　女友丹寧褲

版型剛剛好，不像男友褲那麼寬鬆，也不會太緊。GAP最早是專賣牛仔褲的品牌，所以我特別推薦這裡的牛仔褲。

- Recommend Item

2　彩色單品

GAP的單品有許多漂亮的顏色，想靠顏色換個心情時不妨試試看。

- Recommend Item

3　海灘鞋

夾腳帶是細細的皮革，穿起來很好看。我在兩年前買下後覺得物超所值，所以又加買了黑色。搭起來並不會過度休閒，非常實穿。

BRAND N°5

ZARA

想輕鬆享受優質的流行服飾，就逛逛ZARA吧。滿1500元免運、30天內可免費退貨，是ZARA的貼心服務之一。

- Recommend Item

1　鞋子

從走在時尚尖端的鞋款，到簡單經典的高跟鞋應有盡有，有便宜的合成皮款，也有真皮款。種類豐富，建議先上網物色好目標後，再到實體店看看。

- Recommend Item

2　包包

網羅了宴會包到公事包等各式包款，而且不斷推陳出新，光是逛網路商店就是一種享受。

BRAND N°6

OTHERS

接著我要介紹其他物美價廉的優秀單品！

---

1 *- Recommend Item*

MACPHEE的橫條紋船型領棉衫

這是MACPHEE的長銷款。布料是精緻有質感的細柔棉布，一年四季皆可穿，也不會被流行淘汰。

---

2 *- Recommend Item*

nostalgia的彩色單品

能用實惠的價格買到成熟、具流行感的彩色單品。

---

3 *- Recommend Item*

GU的鞋子

GU的鞋子便宜得驚人，但看起來並不廉價，做工雖然與價格差不多，但穿起來還算舒適。我很常穿GU的鞋子，也會時常注意有沒有新鞋款。

---

4 *- Recommend Item*

GIANNI CHIARINI的包包

創立於1974年的義大利佛羅倫斯包包品牌，嚴選優質皮革製造。款式豐富，可正式可休閒，而且壽命很長，物超所值。

---

5 *- Recommend Item*

AEON及膝絲襪

長度及膝，腹部不會被束縛住。經過不抽絲加工以及抗菌防臭加工。天氣冷時就改穿褲襪款。

6 *- Recommend Item*

YOKADO隱形襪

腳跟附有防滑矽膠，不太會脫落，腳底的布料是棉，穿起來很舒適。

· New Laundry symbol ·
洗標只要記住這幾點就沒問題！

日本洗衣標籤自2016年12月起全面統一使用國際標準化組織的標準，種類從原本的22種增加到41種。
儘管這樣能讓民眾以最適合的方式洗滌衣物，但也有不少人反應太過複雜。
在這裡，我會介紹至少記住哪些標籤，才不會出問題。

1
「可用洗衣機清洗」的標籤從洗衣機圖案改成了水桶圖案

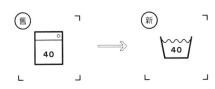

數字代表溫度上限。

一般模式　手洗模式

下面的線愈多，代表洗衣時要愈小心

兩條線為用手洗模式輕輕洗滌，
只要記住這點就沒問題了。其他
的用一般模式即可。

2
手伸進水桶裡的圖案代表「手洗」

跟1一樣，水桶圖案代表可用洗衣機清洗，但
若有手插入的圖案，最好能用手洗，這點要
特別注意。

3
水桶上有×，代表「不可水洗」

不可在家自行清洗，必須送乾洗店。

4
○裡有英文字母，代表「可乾洗」

裡頭的英文就不必管了。出現這個標誌並不代
表只能乾洗，若同時也有🪣或🪣等標誌，表示
也可以在家自己洗。

5
熨斗中的「‥」代表衣服能承受的上限溫度

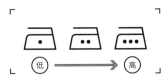

「‧」代表110℃低溫「‥」代表150℃中溫
「‧‧‧」則代表200℃高溫。

07

衣物
保養指南

clothing care guide

衣物的保養與如何挑選同樣重要。

只要花少少的時間，就能讓衣物常保如新。

我本來很討厭洗衣，但自從知道只要花少少的時間，就能讓衣物常保如新後，麻煩的洗衣反倒變成了一種小樂趣！以下我挑了幾種有用的技巧，分享給大家。

【care guide】

洗衣訣竅

❶ 將白色衣物與深色衣物 分開清洗

「原本純白的毛巾，竟不知不覺變髒了！」「白色的衣服被染色了！」妳是否也有過這些經驗呢？其實只要將白色衣物與彩色衣物分開洗滌，就能解決這個問題。

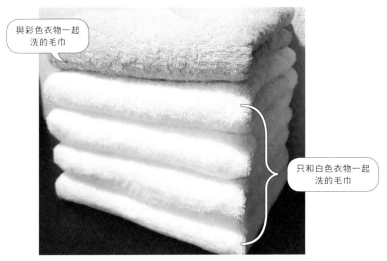

與彩色衣物一起洗的毛巾

只和白色衣物一起洗的毛巾

我曾經做過實驗，將一條白色毛巾與彩色衣物混在一起洗超過半年，最後竟然出現這樣的結果。

以前我來東京一個人住時，一直以為白毛巾長期使用後顏色一定會髒掉，某天我發現老家的白毛巾竟然永遠都這麼白。我告訴母親，她立刻找到了癥結點，那就是我老是把衣服混在一起洗，自那以後，我就都把「白色衣物」與「深色衣物」分開清洗了。將衣物分開洗不僅能避免染色，還能防止白毛巾出現髒髒的毛球和沾染灰塵。若妳堅持「淺色衣物一定要跟新的一樣潔白」，請務必試試看。

＊已經髒掉的白毛巾及棉質衣物，可以放入不銹鋼或琺瑯鍋裡，加入弱鹼性清潔劑，煮約15～20分鐘，就會恢復一定程度的潔白。

❷ 在洗衣盆裡做記號

以前手洗材質纖細的衣物時，我總是隨便量清潔劑與水量，後來我在洗衣盆裡做記號，問題便迎刃而解了。市售的衣物清潔劑用量為4公升的水對10毫升，所以我在最常用的4公升與6公升的水位，貼上剪得細細的防水膠布做了記號。

❸ 絲巾大多可以水洗！

①首先檢查材質能否清洗。先用棉花棒沾中性清潔劑，塗在不顯眼的地方看看是否褪色（棉花棒若染色就代表不能洗）、染色、變色、變質（絲綢柔軟的質地、光澤感消失，質感出現變化）。然後一樣用水沾溼不顯眼的地方，檢查是否變質、縮水。若沒問題就往②。②將中性清潔劑溶於水，溫柔地按一按衣物。③徹底洗清後，用毛巾包起來輕壓吸掉水分。④在半乾的狀態下，用熨斗開低溫～中溫，熨燙過後就大功告成了。

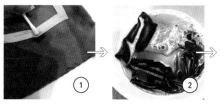

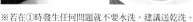

※若在①時發生任何問題就不要水洗，建議送乾洗。

❹ 深色衣物要陰乾

大晴天洗完衣服後，都會很想讓衣服曬曬太陽，但深色衣物容易受紫外線影響而褪色、受損，所以一定要陰乾，避免陽光直曬。若一定要曬太陽，建議把衣服翻面再曬。也可以在洗衣前就先翻過來，可以減少清洗時的摩擦，要曬的時候也比較輕鬆。

❺ 洗衣網的有效用法

我常聽到有人說，搞不清楚洗衣網使用方法和不同款式的差異，其實只要瞭解這章的內容就沒問題了。但使用洗衣網會讓洗淨力變弱，所以要注意別裝太多。

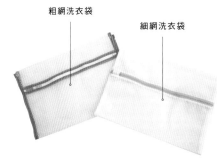

粗網洗衣袋　　細網洗衣袋

⚠ 洗衣網的挑法

[粗網洗衣袋]

① 容易鬆弛、變形的衣物

② 摩擦後容易起毛球的布料

③ 刷破加工、褲管抽鬚的牛仔褲等等

[細網洗衣袋]

① 有拉鍊、銅釦、刺繡、亮片等容易被拉扯的裝飾

② 避免起毛球

⚠ 平常用哪種比較好？

粗網洗衣袋的去汙力與洗淨力都比細網洗衣袋強，所以建議平常使用粗網。

⚠ 用洗衣網能減少皺褶!?

沒有折就塞進洗衣網

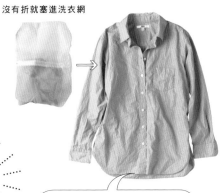

折好再放進洗衣袋裡洗，會比塞成一團洗更整齊漂亮，熨燙時也能比較輕鬆。

折好再放進洗衣網

塞成一團放到洗衣袋裡洗，衣服會皺皺的。

CHECK! 要減少皺褶也有其他方法，像是減少脫水時間，這樣脫水造成的皺褶就會比較淺，請務必試試看。

❻ 關於漂白劑

漂白劑有分氯系漂白劑與氧系漂白劑，能有效去除水洗難以洗淨的髒汙及黃斑。氯系只能用來洗白色衣物，且比較容易傷害布料，所以平常洗衣時，我都是用所有衣物皆適用的氧系漂白劑。

氯系

洗標上若有△標誌就能使用

氧系

洗標上若有△標誌或△標誌就能使用

⚠ 氧系漂白劑的使用方法

[洗衣時加一點]

用來漂白黃漬、黑斑，進而抗菌、除臭。夏天容易流汗、散發味道，這時我就會和一般的洗衣精加在一起洗。

[直接塗抹在頑強髒汙上]

直接塗抹在髒汙上，等漂白劑滲進布料後立刻丟進洗衣機。

[浸泡]

用來除菌、消臭。在溫水中溶入漂白劑，放入衣物浸泡30分鐘到1小時左右。例如有霉味的毛巾我就會用這個方法洗。

❼ 手洗的衣物一起洗比較環保

扔洗衣機容易摩擦、變形的衣服，
可以用同一盆洗衣精一起手洗，這樣不但省時也能省水，可謂一舉兩得。

從深色開始洗可能會染色，所以要先從顏色淺的洗起。這樣就能用同一盆水一口氣洗完了（洗清時也一樣）。

[白色衣物]

水幾乎是透明的。

[彩色衣物]

有點渾濁。

[深色衣物]

深色衣物會掉色，
水變得黑黑的。

想讓針織衫像新的一樣蓬鬆漂亮，最好的方法還是手洗！
只要認真保養，針織衫的壽命就能延長。

【 care guide 】

針 織 衫 的 保 養

在領子、袖口的汙漬上塗抹中性冷洗精，拿專用的刷子或柔軟的牙刷輕輕刷洗（刷洗前請先檢查是否會褪色）。

重點 將冷洗精裝入量杯裡，用刷子沾取。剩下的冷洗精直接當作洗衣精用，這樣就不會浪費了。

若衣服沾到食物，或有頑固的汙點和髒汙，可以用局部清潔用的專用洗衣精來保養。（ZETMAN p126）

稀釋出一定份量的洗衣水，將衣物溫柔地按一按。（不能揉也不能搓，否則會縮水或破壞布料。）

④ 用乾淨的水洗沖洗兩到三次後，用手輕輕把水擠掉。

* 用中性清潔劑清洗時，基本上不必加柔軟精。若想讓衣物更柔軟，在最後洗清時加即可。

⑤ 將針織衫摺起來放入脫水機。脫水產生的皺褶不容易去除，所以高速旋轉後約30～40秒就要停止。

⑥ 直接曬到陽光會褪色、受損，因此要攤平陰乾。針織衫可以用折疊式曬衣網來晾，這樣就不會變形了（照片中的曬衣網購自3COINS）

（！）為什麼針織衫建議手洗？

針織衫常見的材質有羊毛、喀什米爾、安哥拉毛等等。這些動物毛一旦吸水，毛鱗片就會散開，在這種狀態下搓揉，毛鱗片就會纏繞在一起，變得容易縮水。洗衣機的手洗模式雖然很輕鬆，但毛料也容易彼此摩擦，所以若是針織衫，還是手洗最好。

針織衫的熨燙其實很簡單。把掛燙機放在方便
拿取的地方，想到時就可以隨時整理熨燙了。

熨燙技巧

❶ 熨燙毛衣

針織衫只要用蒸汽一燙，皺褶輕輕鬆鬆
就能撫平。有兩種作法，請務必試試
看。

剛晾乾時
會像這樣有些皺摺。

① 吊掛

把毛衣掛起來，從裡面用蒸汽熨燙。這樣就不
會壓傷表面毛料，又能讓針織衫蓬鬆柔軟了。

FINISH!

針織衫只要燙過，
看起來就像新的一
樣。

② 攤平後隔空熨燙

攤開來時，可以將熨斗隔著衣物1～2公分，用
蒸汽熨燙，這樣就不會壓傷毛料了。

❷ 熨燙麻料襯衫

麻料襯衫帶點皺褶的質感雖然很棒，但太皺了也會
給人邋遢的印象。建議不要脫水，濕濕地晾，這樣
皺紋摺會減少，熨燙時也會比較輕鬆。

脫水後會皺皺的……

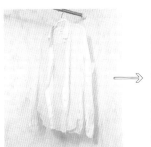

FINISH!

洗完後不要用洗衣機脫水，
直接濕濕地掛在衣架上晾
乾。

領口、袖口等特別容易皺的
部分用熨斗燙過。有燙衣手
套操作起來會比較容易。

留下布料原始的皺褶感就大
功告成了！畢竟是麻料，不
必要求每一處都很平整。

❸ 熨燙風衣坐下時產生的皺褶

一般人都以為風衣的皺褶很難撫平，其實風衣因為面積大，吊起來熨反而很輕鬆。

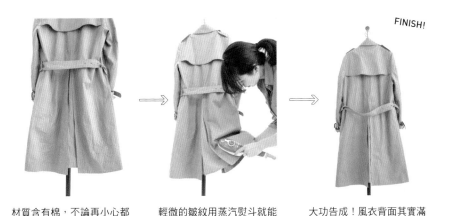

FINISH!

材質含有棉，不論再小心都
會像這樣在坐下後產生皺
褶。

輕微的皺紋用蒸汽熨斗就能
撫平，若有頑強的皺紋，可
以在檢查過材質後，噴一點
水霧再燙過。

大功告成！風衣背面其實滿
顯眼的，所以要好好保養。

· Washing Item ·

好用的保養道具！

這裡將介紹我在洗衣及保養時愛用的工具。

---

① [10連衣架]

從我生小孩以來一直在用，現在已經是第二組了。可以一口氣晾乾，一口氣收起來，省空間而且還能折疊。不只小孩的衣物，也能晾大人的衛生衣及T恤，非常方便。（阿卡將本鋪）

---

② [不銹鋼曬衣夾]

戶外用的洗衣夾我只用不銹鋼製的。塑膠製的很快就會劣化、裂開，用不長久。不銹鋼製品雖然比較貴，但考量到耐用的年數，反而更划算。

---

③ [百元店的燙衣墊]

想燙手帕等小東西時，不必特地搬出燙衣板，用燙衣墊就夠了。可以折成三折，在收納上很省空間。

---

④ [百元店的燙衣手套]

掛著熨燙時，只要有這個，就連衣襬、衣領、袖口這些不好燙的部分，都能服服貼貼。（在P125也有介紹）

---

⑤ [ZETMAN]

局部去污劑，可以用在喀什米爾等纖細的材質上，也可以用在能水洗的衣物上，使用範圍廣泛。這原是為醫療用途研發的，去污力強，且主成分都很天然，可以安心使用。（EIN CHEMICAL）

---

⑥ [泡泡玉洗衣皂 SNOWL]

比一般的洗衣精貴，但無添加物的安全性無可取代，我都用來洗貼身衣物。不必添加柔軟精，洗起來就很蓬鬆。（泡泡玉）

---

⑦ [牙刷]

為了預洗衣物而買。我挑了毛刷很軟的款式，這樣就能用在纖細的毛料上。主要在清潔衣領、袖口等局部污漬時使用。

---

⑧ [BlueKey洗衣皂]

我試過各式各樣的洗衣皂，這款附有吸盤又有網子，可以吊起來晾乾，又是棒狀，握起來很方便。去污力極佳。（株式會社BlueKey）

日文版工作人員

写真   岩瀬泰治（人物）
（カバー,p1,6,9,10,12,13,26,27,37,47,
57,60,70,77,84）

窪田慈美（静物）
（帯,p8~16,18~22,27~36,38~46,48~56,
58,59,69,71~75,78,79,81~83,85,88,8
9,91~95,102,110~115,120）

布施鮎美（人物、静物）
（p8,9,11,14,15,17,21~24,60~65,69,78
~80,84,88~90,92~96,98,99,101,103~1
08,113~115,120,124~126）

上記以外、著者撮影

ヘアメイク   中西雄二（カバー,p1,6,9,10,12,13,26,
27,37,47,57,60,70,77,84）

ブックデザイン 河合宏泰（VIA BO, RINK）
中村衣里（VIA BO, RINK）

校正   大川真由美

實搭 8 色 × 經典 9 款

打造俐落感、提升品味度的半熟女子時尚術

作　者 — 日比理子
譯　者 — 蘇暐婷
主　編 — 林巧涵
執行企劃 — 許文薰
美術設計 — 楊雅屏
內頁排版 — 陳順龍
校　對 — 李家萁

第五編輯部總監 — 梁芳春
董 事 長 — 趙政岷
出 版 者 — 時報文化出版企業股份有限公司
　　　　　　108019 台北市和平西路三段 240 號 7 樓
　　　　　　發行專線 — (02) 2306-6842
　　　　　　讀者服務專線 — 0800-231-705、(02) 2304-7103
　　　　　　讀者服務傳真 — (02) 2304-6858
　　　　　　郵撥 — 1934-4724 時報文化出版公司
　　　　　　信箱 — 10899 臺北華江橋郵局第 99 信箱
時報悅讀網 — www.readingtimes.com.tw
電子郵件信箱 — books@readingtimes.com.tw
法律顧問 — 理律法律事務所 陳長文律師、李念祖律師
印　刷 — 和楹印刷股份有限公司
初版一刷 — 2019 年 9 月 6 日
初版二刷 — 2021 年 12 月 23 日
定　價 — 新台幣 320 元

 時報文化出版公司成立於一九七五年，並於一九九九年股票上櫃公開發行，
於二〇〇八年脫離中時集團非屬旺中，以「尊重智慧與創意的文化事業」為信念。

實搭 8 色 X 經典 9 款：打造俐落感、提升品味度的半熟女子時尚術 / 日比理子作；蘇暐婷譯 .
-- 初版 . -- 臺北市：時報文化，2019.09
ISBN 978-957-13-7928-9(平裝) 1. 色彩學 2. 時尚 　423.23 　108013369

MY FASHION BOOK by Michiko Hibi
Copyright © 2017 Michiko Hibi
All rights reserved.
Original Japanese edition published by DAIWASHOBO, Tokyo.
This Complex Chinese language edition is published by arrangement with DAIWASHOBO, Tokyo
in care of Tuttle-Mori Agency, Inc., Tokyo through Keio Cultural Enterprise Co., Ltd.,
New Taipei City.